抽水蓄能产业发展报告

2023年度

DEVELOPMENT REPORT
OF PUMPED STORAGE INDUSTRY

水电水利规划设计总院
中国水力发电工程学会抽水蓄能行业分会　编

中国水利水电出版社
www.waterpub.com.cn
·北京·

图书在版编目（CIP）数据

抽水蓄能产业发展报告. 2023年度 / 水电水利规划
设计总院，中国水力发电工程学会抽水蓄能行业分会编.
北京：中国水利水电出版社，2024. 8. -- ISBN 978-7
-5226-2643-7

Ⅰ. TV743

中国国家版本馆CIP数据核字第202458G1R8号

书　　名	抽水蓄能产业发展报告 2023 年度 CHOUSHUI XUNENG CHANYE FAZHAN BAOGAO 2023 NIANDU
作　　者	水 电 水 利 规 划 设 计 总 院 中国水力发电工程学会抽水蓄能行业分会　编
出 版 发 行	中国水利水电出版社 （北京市海淀区玉渊潭南路 1 号 D 座　100038） 网址：www. waterpub. com. cn E - mail：sales@mwr. gov. cn 电话：（010）68545888（营销中心）
经　　售	北京科水图书销售有限公司 电话：（010）68545874、63202643 全国各地新华书店和相关出版物销售网点
排　　版	中国水利水电出版社微机排版中心
印　　刷	北京科信印刷有限公司
规　　格	210mm×285mm　16 开本　7.75 印张　190 千字　6 插页
版　　次	2024 年 8 月第 1 版　2024 年 8 月第 1 次印刷
定　　价	**298.00 元**

编　委　会

前　言

　　2023 年是全面贯彻落实党的二十大精神的开局之年，是实施"十四五"规划承前启后的关键一年，也是全面建设社会主义现代化国家开局起步的重要一年。 在碳达峰碳中和战略目标引领下，适应能源绿色低碳转型和新能源大规模高质量发展需要，抽水蓄能作为新能源基础设施网络的重要组成，过去的一年在发展规模、规划布局、建设运行、技术水平、政策体系等方面迈出新步伐、取得新成效，高质量发展的底色更加鲜明。

　　2023 年抽水蓄能发展规模保持快速增长态势，全国新核准抽水蓄能电站 49 座，核准规模 6342.5 万 kW，与 2022 年核准规模基本持平，在建规模跃升至亿千瓦级，河北丰宁等多个抽水蓄能项目陆续投产发电，投运规模突破 5000 万 kW，已建、在建规模连续 8 年稳居世界第一。 抽水蓄能保持高效灵活运行，调峰、调频、调相、旋转备用等功能的发挥明显提升，对保障电力可靠供应、促进新能源消纳和电力转型、响应电网灵活调节需求的作用显著。 抽水蓄能工程建设和装备制造等技术水平创新提升，TBM 开挖技术、数字化智能化应用、高地震烈度区工程抗震设计及安全管理水平实现新突破，大型变速抽水蓄能机组研发应用、高海拔大容量电气设备试制等领域取得新进展。 抽水蓄能发展新模式新业态不断涌现，两河口混合式、道孚等电站核准建设开启了抽水蓄能服务流域水风光一体化基地的工程实践，同时积极探索拓展以抽水蓄能为支撑的清洁能源基地规划建设等应用场景。 抽水蓄能行业按需发展、科学布局的基础更加厚实，国家能源主管部门加强对抽水蓄能发展新形势的跟踪研判、精准施策，组织全行业力量开展了抽水蓄能发展需求论证，部署开展抽水蓄能布局优化调整工作，保障行业平稳有序发展。 国家能源主管部门进一步加强抽水蓄能行业管理，印发申请纳入抽水蓄能中长期发展规划重点实施项目技术要求，组织制定抽水蓄能电站开发建设管理暂行办法，开展抽水蓄能领域不当市场干预行为专项整治等，引导行业健康发展。

　　与此同时，新形势下推动实现抽水蓄能高质量发展也面临着一些困难和挑战，特别是如何科学认识地方政府发展抽水蓄能的"热情"和投资企业的"犹豫"，如何在保障抽水蓄能价格政策平稳的前提下稳妥有序做好与市场化衔接，为行业发展营造良好的外部舆论、政策环境等，都需要凝聚全行业的智慧和力量，共同面对、共同解决。

2024 年是中华人民共和国成立 75 周年，也是习近平总书记提出"四个革命、一个合作"能源安全新战略十周年。2024 年 2 月，习近平总书记在中共中央政治局第十二次集体学习时强调，要以更大力度推动我国新能源高质量发展，建设好新能源基础设施网络，提高电网对清洁能源的接纳、配置和调控能力。抽水蓄能作为技术成熟、经济性优、具备大规模开发条件的电力系统清洁低碳安全灵活调节储能设施，仍处于行业发展的战略机遇期。展望未来，抽水蓄能行业将按照党中央、国务院决策部署，坚持需求导向，积极推进一批有需求、基础好、综合效益显著的项目新增纳规、核准及建设，探索推进新模式新业态的落地实践，推动重大科技创新、先进技术应用与新质生产力发展，深化价格形成机制改革与管理体系完善，以抽水蓄能高质量发展助力新能源更大力度高质量发展。

《抽水蓄能产业发展报告 2023 年度》是由水电水利规划设计总院联合中国水力发电工程学会抽水蓄能行业分会，组织勘测设计、调度运行、工程建设、开发投资等方面的行业力量共同编写的第三个年度发展报告。本报告面向"十四五"以来抽水蓄能行业发展面临的新形势、新任务、新要求，系统梳理了国内外行业整体发展状况，从发展需求、站点资源、发展规模、政策体系、前期工作、项目建设、运行管理、工程技术等方面介绍了 2023 年抽水蓄能取得的新成效，对未来抽水蓄能发展进行展望，并提出推动抽水蓄能高质量发展的建议。在报告编写过程中，得到了能源主管部门、分会各理事单位、相关企业及有关机构的大力支持和指导，在此谨致衷心感谢！

宏伟蓝图已绘就，砥砺奋进正当时！水电水利规划设计总院、中国水力发电工程学会抽水蓄能行业分会愿与全体抽水蓄能行业同仁一道，勠力同心、实干担当、锐意进取，在实现中华民族伟大复兴的进程中，在推进抽水蓄能高质量发展新征程上贡献更大力量！

作者

2024 年 7 月

目 录

前言

1 发展综述/1

1.1 国际发展综述/2

1.2 国内发展形势/3

2 需求预测/5

2.1 研究思路和方法/6

2.2 新能源发展预测/6

2.3 其他边界条件/7

2.4 主要研究成果/8

3 区域资源条件/9

3.1 总体情况/10

3.2 资源分区评价/10

3.3 资源分布情况/12

3.4 资源禀赋分区/13

4 发展现状/18

4.1 全国发展现状/19

4.2 各区域发展现状/19

5 产业发展政策/27

5.1 建设管理体系/28

5.2 价格机制/30

5.3 其他相关政策/32

6 前期工作情况/34

6.1 前期工作总体进展/35

6.2 华北区域/35

6.3 东北区域/39

6.4 华东区域/41

6.5 华中区域/44

6.6 南方区域/48

6.7 西南区域/53

6.8 西北区域/55

7 项目核准/61

7.1 总体情况/62

7.2 核准项目概况/63

8 项目造价/70

8.1 抽水蓄能电站投资构成分析/71

8.2 不同区域抽水蓄能电站项目造价水平/72

8.3 不同装机容量区间抽水蓄能电站项目造价水平/73

8.4 不同成库条件抽水蓄能电站项目造价水平/73

8.5 不同库盆防渗工程造价水平/74

8.6 不同距高比输水建筑物造价分析/75

8.7 补水工程造价分析/75

8.8 趋势分析/76

9 项目建设/77

9.1 核准在建项目总体情况/78

9.2 华北区域/79

9.3 东北区域/81

9.4 华东区域/83

9.5 华中区域/86

9.6 南方区域/89

9.7 西南区域/90

9.8 西北区域/91

10 运行概况/93

10.1 全国总体情况/94

10.2 各区域运行情况/95

10.3 典型案例分析/96

11 工程建设技术发展/98

11.1 概述/99

11.2 主要技术进展/99

11.3 典型工程实践/101

12 装备制造技术进步/104

12.1 概述/105

12.2 主要技术进展/105

12.3 难点及发展方向/107

12.4 典型工程实践/109

13 发展展望及建议/110

13.1 发展预期/111

13.2 技术展望/111

13.3 相关建议/111

附表:

年度行业政策文件一览/113

抽水蓄能行业重点企业/116

1 发展综述

在当今世界储能市场，抽水蓄能仍占据领先地位，为目前全球装机规模最大、技术最成熟的储能方式，与核电、风电、太阳能发电等配合运行效果好，能够支撑风能和太阳能的大规模开发和高比例消纳。

中国努力争取 2060 年前实现碳中和，届时风电、光伏发电装机规模将达到 50 亿 kW 以上，抽水蓄能是支撑碳中和的重要新能源基础设施，以抽水蓄能高质量发展支撑新能源高质量发展，是全社会的共识。2023 年是抽水蓄能发展的重要一年，发展需求更加清晰，布局更加合理。

1.1　国际发展综述

截至 2023 年年底，全球抽水蓄能装机容量达到 17913 万 kW，同比增长 3.7%。其中，中国抽水蓄能装机容量约占 28.1%，居世界首位；日本、美国装机容量分列二、三位，占比分别约为 15.1%、12.2%；紧随其后的是德国（5.2%）、意大利（3.9%）、西班牙（3.1%）、法国（2.8%）、韩国（2.6%）、印度（2.6%）和瑞士（2.2%），如图 1.1 所示。

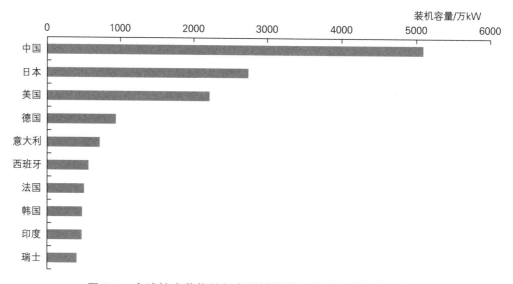

图 1.1　全球抽水蓄能装机容量排名前十的国家及其装机容量

能源变革推动抽水蓄能需求跃升。大规模发展可再生能源是能源变革转型必由之路。随着全球范围内风能、太阳能等可再生能源的大规模高速发展，电力系统的波动性和间歇性问题日益凸显，调节电源的需求大幅增加。抽水蓄能是当前技术最成熟、经济性最优、最具大规模开发条件的电力系统绿色低碳清洁灵活调节电源，与风电、太阳能发电等配合效果好。发展抽水蓄能是保障电力系统安全稳定运行的重要支撑，是可再生

能源大规模发展的重要保障。 在能源变革转型的大背景下，全球抽水蓄能需求规模实现跃升。

技术进步助力抽水蓄能电站高质量建设。 随着科技的不断进步，全球抽水蓄能技术逐步实现了重大突破。 GIS、无人机等人工智能、大数据等业态的应用，提升了抽水蓄能规划勘测设计的效率和速度。 先进施工装备和智能化施工技术的发展应用，提高了工程施工安全、质量和效率水平。 新型材料和先进制造工艺的应用，不仅提升了抽水蓄能机组设备的性能和可靠性，还使得综合效率明显提高。

政策支持与市场需求共促行业发展。 一方面，各国政府近年来相继出台了一系列政策措施，鼓励和支持抽水蓄能发展；通过价格机制、电力市场体制机制改革，保障抽水蓄能的成本回收与合理收益；通过优化简化抽水蓄能项目审批管理流程，提高项目前期审批效率；通过税收优惠、补贴及融资支持等手段，降低了企业的投资风险与投资成本，提升企业投资积极性。 另一方面，随着风光等可再生能源装机规模的不断增加，电力系统对调峰调频的需求日益迫切，抽水蓄能作为稳定电网的重要手段，其市场需求显著增加。

国际合作与技术交流日益深化。 全球抽水蓄能领域的国际合作与技术交流不断深化，各国通过共同研发、技术转让和项目合作等方式推动了抽水蓄能技术的全球化发展。 这种国际间的合作不仅促进了技术的快速迭代，还为各国在应对能源转型和气候变化方面提供了有力支持。 美国、日本、奥地利等国家先进的可逆式机组设备制造技术和产品支撑了全球抽水蓄能装备的发展，中国高质高效的土建施工与机组安装服务成为了抽水蓄能建设不可或缺的重要力量。

大规模项目建设稳步推进。 目前，全球范围内的抽水蓄能项目建设呈现出稳步推进的态势。 据不完全统计，全球约有 2 亿 kW 抽水蓄能项目正在建设。 在应对气候变化和能源变革背景下，以中国、印度等为代表的国家和地区纷纷启动并加快了大型抽水蓄能电站的建设。 这些项目的实施，不仅有助于提升当地电力系统的稳定性、可靠性和安全性，还将对全球能源变革转型发挥重要作用。

环境保护与可持续发展并重。 随着环境保护意识的增强，各国在抽水蓄能项目的规划和建设过程中，越来越重视环境保护和可持续发展。 一方面，通过采用环保型设计和施工工艺，最大限度地减少对自然生态的影响；另一方面，积极推进抽水蓄能与可再生能源的融合发展，助力实现碳达峰碳中和目标，为全球应对气候变化和可持续发展提供了重要支持。

1.2　国内发展形势

全国抽水蓄能装机规模突破 5000 万 kW。 2023 年，全国抽水蓄能新增投产 515

万 kW。包括辽宁清原（当年投产规模 30 万 kW，下同）、河北丰宁（90 万 kW）、山东文登（180 万 kW）、福建永泰（30 万 kW）、福建厦门（35 万 kW）、河南天池（90 万 kW）、新疆阜康（30 万 kW）、重庆蟠龙（30 万 kW）等抽水蓄能电站。截至 2023 年年底，全国抽水蓄能投产总规模达 5094 万 kW，同比增长 11.2%。

发展规模壮大，电力支撑作用更加明显。中国抽水蓄能装机规模连续 8 年稳居世界第一，已投运电站运行状态良好，2023 年抽发电量、启动次数、调频台次、旋转备用台次、短时运行次数均较上一年明显增加，有效保证了电力安全可靠供应，发挥了电力保供生力军作用。此外，在建规模跃升至亿千瓦级，发挥了稳投资的作用。

多元格局基本形成，应用场景逐步丰富。投资主体多元化，由电网企业扩展到发电企业、地方国企、民营企业等，为行业发展注入新活力。应用场景更加广泛，如雅砻江水风光一体化基地的批复，抽水蓄能电站是其中重要组成部分；西北地区也正在积极探索由抽水蓄能电站支撑的清洁能源基地。新技术、新产品运用更加快捷，产业体系更加完善，产业链格局初步显现。

2 需求预测

科学论证、合理确定抽水蓄能发展规模，是保障行业高质量发展的基石。抽水蓄能需求规模研究是 2023 年度抽水蓄能行业重点工作。

2.1 研究思路和方法

以碳达峰碳中和目标为遵循，贯彻"先立后破"要求，逐步实现减碳目标。2030 年实现碳达峰后，继续加大新能源开发力度满足增量电量需求，并实现存量火电电量部分替代。以"抽水蓄能＋新型储能＋新能源"的电源组合，作为满足新增电力电量需求的低碳电源拓展方案。以"抽水蓄能＋新型储能"提供新增电力支撑，以新能源提供新增电量支撑，是实现能源清洁低碳安全高效转型发展的必然选择。

统筹全国电力发展目标，分区分省开展电源结构优化研究。根据中国能源消费转型和能源保供要求，统筹研究全国各水平年用电量、全国新能源及其他电源发展目标。立足区域资源禀赋、用电需求和电源结构特点，在区域及分省电力电量平衡的基础上，研究电源优化发展方案。充分考虑火电灵活性改造，研究抽水蓄能和新型储能的总需求规模。综合考虑新型储能技术进步、开发经济性，抽水蓄能和新型储能协调发展，研究储能的发展规模。

统筹全国能源合理流向，以受送两端平衡作为研究基础要求。统筹能源电力需求和资源禀赋条件、合理能源电力流向，在全国范围内进行优质能源资源配置。中东南部地区能源电力需求旺盛，新能源资源禀赋有限，在充分发掘自身资源潜力基础上，从"三北"（东北、华北、西北）和西南地区引入清洁能源。

充分挖掘系统调节能力，充分考虑新型储能技术进步。根据《全国煤电机组改造升级实施方案》，2025 年存量改造目标为 2 亿 kW。在此基础上，研究按照 2030 年全部火电基本实现灵活性改造升级考虑。根据《电力需求侧管理办法（2023 年版）》《电力负荷管理办法（2023 年版）》，因地制宜考虑需求响应能力。按照《关于加快推动新型储能发展的指导意见》，到 2025 年新型储能装机规模达到 3000 万 kW 以上。新型储能未来发展具有一定的不确定性，但技术进步空间较大，研究考虑为新型储能发展留足发展空间。

2.2 新能源发展预测

《中共中央　国务院关于完整准确全面贯彻新发展理念做好碳达峰碳中和工作的意见》锚定碳达峰碳中和目标实现，针对能源绿色低碳转型提出了三个关键性、阶段性目

标：到 2025 年，单位国内生产总值能耗比 2020 年下降 13.5%，非化石能源消费比重达到 20% 左右；到 2030 年，非化石能源消费比重达到 25% 左右；到 2060 年，非化石能源消费比重达到 80% 以上。

为了实现碳达峰碳中和目标，中国将大力发展非化石能源，主要包括水电、风电、太阳能发电和核电等。传统水电和核电站址资源有限，以风电、太阳能发电为代表的新能源是未来能源发展的主要方向。

随着新能源在电力系统中的渗透率不断提升，对于新能源基础设施的需求更加迫切。综合全国各省份新能源发展规划、非化石能源消费比重提高要求、产业链发展能力等，考虑新能源不同发展规模，对两种情景进行了研究，情景一：2030 年、2035 年全国风电、光伏发电装机总规模分别约为 21 亿 kW、30 亿 kW；情景二：2030 年、2035 年全国风电、光伏发电装机总规模分别约为 27 亿 kW、38 亿 kW。

2.3 其他边界条件

2.3.1 备用分析

根据《电力可靠性管理办法（暂行）》规定："负荷备用容量为最大发电负荷的 2%～5%，事故备用容量为最大发电负荷的 10% 左右，区外来电、新能源发电、不可中断用户占比高的地区，应当适当提高负荷备用容量"。各省份负荷备用和事故备用合计取值 12%～15%，同时统筹考虑网内机组和直流输电容量情况。

2.3.2 需求响应分析

国家发展和改革委员会持续推动电力需求侧管理相关工作，形成了较为完善的电力需求侧管理政策体系，对推动节能降碳和绿色发展、确保电力安全有序供应发挥了积极作用。2023 年 9 月 15 日，国家发展和改革委员会等六部门联合印发《电力需求侧管理办法（2023 年版）》（发改运行规〔2023〕1283 号），提出：到 2025 年，各省需求响应能力达到最大用电负荷的 3%～5%，其中年度最大用电负荷峰谷差率超过 40% 的省份达到 5% 或以上。到 2030 年，形成规模化的实时需求响应能力，结合辅助服务市场、电能量市场交易可实现电网区域内可调节资源共享互济。

受产业结构调整影响，第三产业、居民生活用电占比逐步上升，全国负荷曲线尖峰化、峰谷差拉大。电力市场化改革背景下，价格机制可以一定程度上降低尖峰负荷、减少负荷峰谷差。全国各区域产业结构、用电结构、电源结构各具特色，用电需求呈现出不同特点，研究中需求响应取值基本为 5%。

2.4 主要研究成果

经研究，充分利用电力系统各类电源的调节能力和负荷侧需求管理，情景一 2035 年全国服务电力系统抽水蓄能和新型储能需求约 6 亿 kW；情景二 2035 年全国服务电力系统抽水蓄能和新型储能需求约 7.5 亿 kW。

抽水蓄能具备大规模开发的条件，经济性好，可以在电力系统中发挥调峰、填谷、储能、调频、调相和紧急事故备用等功能，可以提供转动惯量等，电化学储能建设周期短，可快速调频，对地形地质条件要求不高，二者可以发挥很好的互补作用，尤其是电化学储能等新型储能设施使用寿命相对较短，可以和抽水蓄能电站形成近中远期互补发展格局，共同促进新能源发展。综合各项因素考虑，预期到 2035 年服务电力系统抽水蓄能装机规模至少 4 亿～5 亿 kW。此外，服务大型风光基地、水风光一体化基地的抽水蓄能装机规模约 6000 万 kW。

3 区域资源条件

3.1　总体情况

中国幅员辽阔、万里山河，地势高低起伏，山地、高原和丘陵约占陆地面积的67%，抽水蓄能站点资源禀赋得天独厚，站点丰富且分布范围广。总体来看，通过选点规划阶段和中长期规划阶段，初步摸清了全国资源量。在此基础上，新增项目纳规阶段各省份又开展了站点资源调查，对全国资源量进行补充。

综合历次选点规划、中长期规划及经批复的相关省份新增纳规申请，同时考虑到部分项目核准装机容量较规划装机容量发生了变化，截至 2023 年年底，全国已纳入规划和储备的抽水蓄能站点资源总量约 8.23 亿 kW，其中已建 5094 万 kW，核准在建 1.79 亿kW。分区域看，华北、东北、华东、华中、南方、西南、西北电网的规划站点资源量分别为 8600 万 kW、10530 万 kW、10560 万 kW、12520 万 kW、13790 万 kW、10430 万 kW、15900 万 kW（图 3.1）。

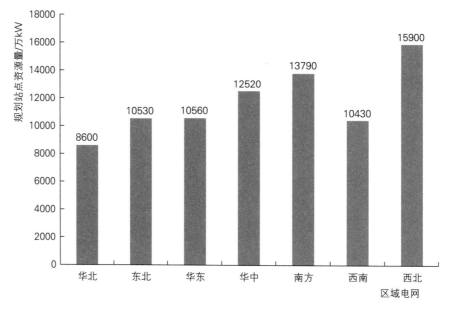

图 3.1　全国已纳入规划的抽水蓄能站点资源量

3.2　资源分区评价

资源条件对于抽水蓄能电站的选址和建设具有重大影响，需要综合考虑各地区地形地貌、成库条件、距高比、水头、区域地质和环境影响等因素。

华东、南方区域抽水蓄能站点资源条件较为优越。站点水头落差适中，距高比较小，地质条件良好，综合来看建设条件相对较优。

华中区域的抽水蓄能站点资源条件一般。站点水头落差较大，距高比适中，地质条

件较好，综合来看建设条件较好。

西南、西北区域的抽水蓄能站点资源条件较差。站点水头落差较大，地质条件较差，综合来看建设条件相对略差。

在开展抽水蓄能电站选址时，除了需要考虑各地区资源条件外，还应考虑影响抽水蓄能电站选址的各项因素。

3.2.1　地理因素

抽水蓄能电站一般应布局在电力负荷中心或者是新能源大基地周边，以最大限度地发挥保障电力系统安全、促进新能源消纳的作用，降低电力传输损失。但受地形、地质条件限制，并不是所有的区域都有建设抽水蓄能电站的条件，所以抽水蓄能电站选点布局受到"需要"和"可能"的双重限制。一般来说，电力负荷中心周边的抽水蓄能电站宜分散布局，以便于灵活调度运行，减小电力损失；新能源大基地周边的抽水蓄能电站在新能源富集区域集中布局可能更为合适，有利于和新能源联合运行，支撑新能源大规模开发消纳。

3.2.2　建设因素

地形条件：理想的抽水蓄能电站上、下水库之间的高差应在 300～700m 之间，距高比在 2～8 之间。较大的高差和较小的距高比有利于减少水库库容和输水系统规模，从而降低工程投资。

地质条件：电站选址应避开活动断层，库区不宜有滑坡、崩塌等不良地质现象。地下厂房应避开软弱或破碎岩体。较好的地质条件有利于降低工程投资。

水源条件：电站的水源主要用于初期蓄水和补充运行期蒸发、渗漏损失。在降雨充沛的地区，水源条件一般不会成为制约因素。但在干旱地区，水源条件可能成为电站建设的瓶颈。因此，选址时需要充分考虑水源条件。

成库条件：理想情况下，上、下水库应有适宜筑坝成库的地形地质条件，调节库容需求约为 600 万～1000 万 m^3。有些站点天然具有较大的库容，可以通过建坝蓄水；而有些站点则需要通过大量开挖来形成库容，增加成本并限制电站的储能量。在确定设计方案时，需要综合考虑库容需求、防渗处理、土石方挖填平衡等因素。因此，成库条件也是选址的重要考量因素。

3.2.3　外部因素

外部因素包括建设征地移民安置因素、环境因素、社会稳定风险因素等。征地范围涉及水库淹没区和枢纽工程建设区，其中枢纽工程建设区占比较大。在确定征地范围后，需要开展实物指标调查，特别关注永久基本农田、基本草原、一级公益林等敏感因

素。 尽可能减少征地、移民和环保水保工作量，确实无法避让的，需要提前研究，通过地灾治理、综合利用等方式降低征地移民和环保水保难度。 生态环境保护方面，应坚持生态优先、绿色发展原则，避开环境敏感区，并采取环保措施减少环境影响。 此外，与乡村振兴战略和生态文明建设融合发展也是实现抽水蓄能高质量发展的重要途径。 例如，天荒坪抽水蓄能电站所在地曾经是一座人迹罕至的荒山，而现在通过天荒坪抽水蓄能电站上水库与文旅结合，打造了国家 4A 级景区——江南天池。

3.2.4 工程设计

抽水蓄能电站工程设计涵盖工程规模、水工建筑物、施工组织设计以及机电和金属结构等方面。 工程规模需要综合考虑电力系统需求和电站建设条件，确定装机容量和连续满发小时数。 水工建筑物主要包括上水库、下水库、输水系统等，需考虑最小工程代价获得最大库容。 施工组织设计需要研究施工条件、料源规划等，以集约节约用地原则降低工程造价。 机电及金属结构方面，中国总体机电制造能力已达到世界先进水平。中国抽水蓄能电站装备制造正在朝着高水头、大容量、高可靠性、宽变幅、可变速以及自主化、国产化等方向快速发展。

3.2.5 经济指标

抽水蓄能电站的建设条件、外部影响，在确定工程设计方案后，最终主要体现为一个指标，即工程单位千瓦静态投资，单位千瓦静态投资越低，项目经济性越好。 在投资决策时，既需要重点考虑单位千瓦静态投资，但同时也要综合考虑其他因素，如工程的功能定位、电力系统的需求、工程建设条件等。 例如，增加机组台数可能会导致工程的功能定位发生变化，需要综合考虑这些变化对项目的影响。 此外，连续满发小时数的降低可能会影响电站的效用，即使单位千瓦静态投资降低，但电站的整体功能和效益可能会受到影响。

3.3 资源分布情况

根据初步普查，全国抽水蓄能站点资源约为 16 亿 kW，相当于全国常规水电技术可开发量的 2 倍多，是世界抽水蓄能全部已建规模的 10 倍左右。

中国抽水蓄能站点资源分布和山川地形呈现高度一致。 东北区域抽水蓄能站点资源集中分布在长白山脉附近，以及大、小兴安岭。 华北区域，冀北的抽水蓄能站点资源集中在燕山山脉，冀南和山西的抽水蓄能站点资源集中在太行山脉两侧，内蒙古的抽水蓄能站点资源集中在狼山、阴山山脉，山东的抽水蓄能站点资源集中在鲁中南丘陵（泰山山脉）和胶东丘陵（昆嵛山脉）地带。

西北区域，陕西的抽水蓄能站点资源集中在秦岭、大巴山之间，甘肃的抽水蓄能站点资源大多在阿尔金山一祁连山附近，新疆的抽水蓄能站点资源集中在天山山脉和阿尔泰山脉、昆仑山脉附近。华中区域，豫南、皖南、鄂东抽水蓄能站点资源集中在大别山区，赣湘两地的抽水蓄能站点资源集中在罗霄山脉。

西南区域，川渝两地的抽水蓄能站点资源分布在四川盆地边缘，西藏的抽水蓄能站点资源主要在冈底斯山和念青唐古拉山一带。华东、南方区域，浙闽、两广等省份的抽水蓄能站点资源也大多依山川地形分布，主要集中在东南丘陵地带。云贵地区均以山地为主，区域内的抽水蓄能站点资源也十分丰富。

东北平原、华北平原、中原地带、长江中下游平原地带受地形限制，抽水蓄能站点资源比较匮乏。

抽水蓄能项目选址需要比较好的地形地质条件，主要包括高差适中（300～700m）、活动构造不发育，地形、岩性、水源、交通条件好。总体而言，同一片山脉区域抽水蓄能站点建设条件具有相似性。

浙闽、两广沿海一带地层较新、构造运动相对较弱，山地的海拔一般为1000～1500m，组成山地丘陵的岩石70%以上是花岗岩和火山岩。东南丘陵区域地形地质条件好、水源条件好，造价在全国属于较低水平。越往北部尤其是西北部，区域构造稳定条件相对越复杂，同时降雨量也在逐步减少，项目单位造价呈逐渐增加的趋势。总体来说，全国抽水蓄能建设条件以华东、南方最好，华中、东北、华北次之，西南、西北区域相对一般。比如浙闽、两广抽水蓄能站点资源丰富，造价较低。至两湖一江地区，建设条件略有下降。再向北，至冀、鲁、豫等省份，虽然具备建设抽水蓄能的地形条件，但是地质条件有所不足，建设成本有所增高。东北的情况和华北较为相似。西北阿尔金一祁连山脉、天山山脉等地，山脉之外大多地势平缓，抽水蓄能站点一般布局在山前，但受地质条件影响，项目工程布置难度增大，此外项目补水成本进一步推高了项目建设成本。内蒙古地形总体较为平坦，除狼山一阴山山脉附近以外，资源有限，同时水资源相对缺乏，项目单位千瓦投资在全国是最高的。

3.4 资源禀赋分区

全国各地开展前期工作的抽水蓄能电站单位千瓦静态投资空间分布特点明显，例如浙闽一带、湖南湖北等地目前正在开展前期工作的抽水蓄能单位千瓦静态投资基本为5000～5500元/kW，华北部分省份、东北三省大部分为5500～6000元/kW，西北等区域大部分在6000～7000元/kW。

考虑到未来待实施项目的造价水平和分布范围，以500元/kW为间隔，将全国抽水

蓄能建设条件分为四类资源区（表 3.1）。

表 3.1　　　　　　　资源区单位千瓦静态投资表

资源区	单位千瓦静态投资/(元/kW)
一类	小于 5500
二类	5500～6000
三类	6000～6500
四类	6500 以上

3.4.1　华北区域

冀北的抽水蓄能站点资源集中在燕山山脉，冀南和山西的抽水蓄能站点资源集中在太行山脉两侧，内蒙古的抽水蓄能站点资源集中在狼山、阴山山脉，山东的抽水蓄能站点资源集中在鲁中南丘陵（泰山山脉）和胶东丘陵（昆嵛山脉）地带。

燕山山脉抽水蓄能电站单位千瓦静态投资主要在 5500～6000 元/kW 之间，划分为二类区。北京和天津境内山体高差小，水头偏低，抽水蓄能电站单位千瓦静态投资基本在 6000～7000 元/kW 之间，可划分为三类区。

太行山脉东侧抽水蓄能电站单位千瓦静态投资略高于西侧，西侧在 5500～6000 元/kW 之间，划分为二类区；东侧多在 6000～6500 元/kW 之间，划分为三类区。

吕梁山脉抽水蓄能电站单位千瓦静态投资主要在 6000～6500 元/kW 之间，划分为三类区。

狼山—阴山山脉因地质条件较差，水源紧张，单位千瓦投资相对较高，在 6000～6500 元/kW 之间，划分为三类区。

鲁中南丘陵和胶东丘陵，优质站点开发较早，剩余站点水头偏低，目前单位千瓦静态投资主要在 6000～6500 元/kW 之间，划分为三类区。

3.4.2　东北区域

东北区域的抽水蓄能站点资源集中分布在长白山脉附近，以及大、小兴安岭。经统计研究，长白山和大、小兴安岭抽水蓄能单位千瓦静态投资主要在 5500～6000 元/kW 之间，长白山和大、小兴安岭划分为二类区。

完达山抽水蓄能站点资源水头偏低，布局于此的抽水蓄能电站单位千瓦静态投资在 6000～6500 元/kW 之间，划分为三类区。

3.4.3　华东区域

安徽、江苏和上海国土面积大部分是平原，安徽抽水蓄能站点资源主要位于大别山

和黄山，黄山区域内的抽水蓄能电站单位千瓦静态投资主要在 5500～6000 元/kW 之间，划分为二类区。 江南丘陵、雁荡山、武夷山脉和浙闽丘陵抽水蓄能电站单位千瓦静态投资主要在 5000～5500 元/kW 之间，划分为一类区。

3.4.4　华中区域

豫南、皖南、鄂东抽水蓄能站点资源集中在大别山区，赣湘两地的抽水蓄能站点资源集中在罗霄山脉。

总体而言，华中区域抽水蓄能建设条件较好，大别山、桐柏山、巫山和雪峰山、罗霄山脉抽水蓄能电站单位千瓦静态投资主要在 5000～5500 元/kW 之间，划分为一类区。伏牛山和武当山抽水蓄能电站单位千瓦静态投资主要在 5500～6000 元/kW 之间，划分为二类区。

3.4.5　南方区域

两广等省份的抽水蓄能站点资源也大多依山川地形分布，主要集中在东南丘陵地带。 云贵地区均以山地为主，区域内的抽水蓄能站点资源也十分丰富。

云贵高原中，贵州抽水蓄能电站单位千瓦静态投资主要在 5000～5500 元/kW 之间，云南抽水蓄能电站单位千瓦静态投资主要在 5500～6000 元/kW 之间。 广东抽水蓄能电站单位千瓦静态投资主要在 5000～5500 元/kW 之间，广西在 5500～6000 元/kW 之间。

3.4.6　西南区域

川渝两地抽水蓄能站点资源分布在四川盆地边缘，西藏的抽水蓄能站点资源主要在冈底斯山和念青唐古拉山一带。 四川、重庆境内抽水蓄能单位千瓦静态投资基本在 5500～6000 元/kW 之间。

3.4.7　西北区域

陕西的抽水蓄能站点资源集中在秦岭、大巴山之间，甘肃的抽水蓄能站点资源大多在阿尔金山—祁连山附近，新疆的抽水蓄能站点资源集中在天山山脉和阿尔泰山脉、昆仑山脉附近。

根据统计，秦岭、大巴山抽水蓄能电站单位千瓦静态投资主要在 6000～6500 元/kW 之间，划分为三类区。 阿尔金山—祁连山、天山山脉和阿尔泰山脉、昆仑山脉、六盘山抽水蓄能电站单位千瓦静态投资主要在 6000～7000 元/kW 之间，按就低原则，同时考虑到西北风光资源丰富，抽水蓄能开发一般会配套风光指标，因此划分为三类区。

东北平原、华北平原、中原地带、长江中下游平原地带受地形限制，抽水蓄能站点资源比较匮乏。各山脉丘陵的资源分区统计见表3.2。

表 3.2　　　　　　　　各山脉丘陵的资源分区统计表

序号	地形区	单位千瓦静态投资/(元/kW)	资源分区
1	长白山	5500～6000	二类区
2	大兴安岭	5500～6000	二类区
3	小兴安岭	5500～6000	二类区
4	完达山	6000～6500	三类区
5	燕山	5500～6000	二类区
6	太行西侧	5500～6000	二类区
7	太行东侧	6000～6500	三类区
8	吕梁山	6000～6500	三类区
9	狼山—阴山	6000～6500	三类区
10	胶东丘陵和鲁中南丘陵	6000～6500	三类区
11	天山	6000～7000	三类区
12	阿尔泰山	6000～7000	三类区
13	昆仑山	6000～7000	三类区
14	巴彦喀拉	6000～7000	三类区
15	阿尔金祁连	6000～7000	三类区
16	六盘山	6000～7000	三类区
17	秦岭	6000～6500	三类区
18	大巴山	6000～6500	三类区
19	武当山	5500～6000	二类区
20	巫山	5000～5500	一类区
21	桐柏山	5000～5500	一类区
22	大别山	5000～5500	一类区
23	伏牛山	5500～6000	二类区
24	罗霄山	5000～5500	一类区
25	雪峰山	5000～5500	一类区
26	横断山脉	5000～5500	一类区
27	云贵高原（云南）	5500～6000	二类区
28	云贵高原（贵州）	5000～5500	一类区
29	两广丘陵（广西）	5500～6000	二类区

续表

序号	地形区	单位千瓦静态投资/(元/kW)	资源分区
30	两广丘陵（广东）	5000～5500	一类区
31	黄山	5500～6000	二类区
32	江南丘陵	5000～5500	一类区
33	雁荡山	5000～5500	一类区
34	武夷山	5000～5500	一类区
35	浙闽丘陵	5000～5500	一类区

4 发展现状

4.1　全国发展现状

　　2023 年，全国抽水蓄能新增装机容量 515 万 kW。 截至 2023 年年底，抽水蓄能电站投产总容量达 5094 万 kW，其中华东电网容量最大，华北电网、南方电网次之。 2023 年核准抽水蓄能电站 49 座，核准容量 6342.5 万 kW。 截至 2023 年年底，抽水蓄能电站核准在建总容量约为 1.79 亿 kW，华中电网容量最大，华东电网次之。 全国区域电网投产在运、核准在建、新增投产、新增核准抽水蓄能装机容量分布如图 4.1 所示。

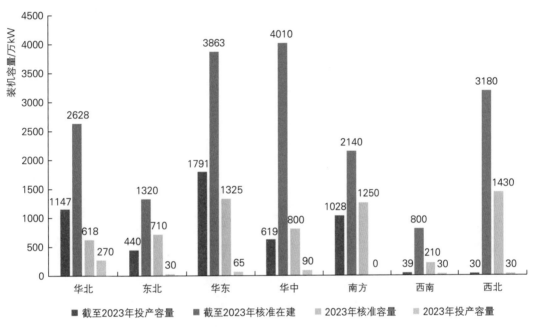

图 4.1　全国区域电网投产在运、核准在建、新增投产、新增核准抽水蓄能装机容量分布

4.2　各区域发展现状

4.2.1　华北区域

　　2023 年，华北区域新增投产抽水蓄能装机容量 270 万 kW。 截至 2023 年年底，华北区域抽水蓄能电站投产总装机容量达到 1147 万 kW。 其中，河北抽水蓄能装机容量最大，山东次之，天津尚未有投产的抽水蓄能机组。 华北区域在运抽水蓄能装机容量分布如图 4.2 所示。

　　2023 年，华北区域核准抽水蓄能电站 5 座，核准总装机容量 618 万 kW。 截至 2023

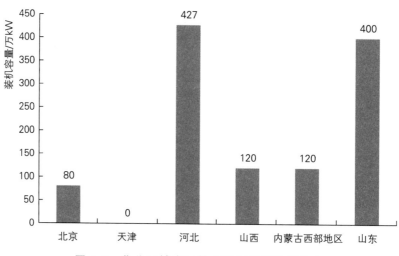

图 4.2 华北区域在运抽水蓄能装机容量分布

年年底，华北区域抽水蓄能电站核准在建总装机容量为 2628 万 kW，河北省核准在建容量最大，北京、天津无核准在建的抽水蓄能电站。 华北区域核准在建抽水蓄能装机容量分布如图 4.3 所示。

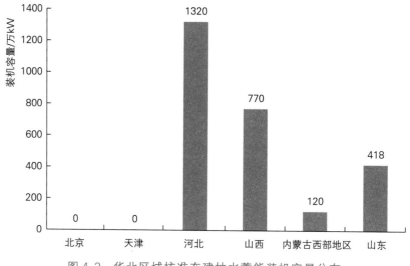

图 4.3 华北区域核准在建抽水蓄能装机容量分布

4.2.2 东北区域

2023 年，东北区域新增投产抽水蓄能装机容量 30 万 kW。 截至 2023 年年底，东北区域抽水蓄能电站投产总装机容量达到 440 万 kW。 其中，吉林抽水蓄能装机容量最大，内蒙古东部地区尚未有投产的抽水蓄能机组。 东北区域在运抽水蓄能装机容量分布情况如图 4.4 所示。

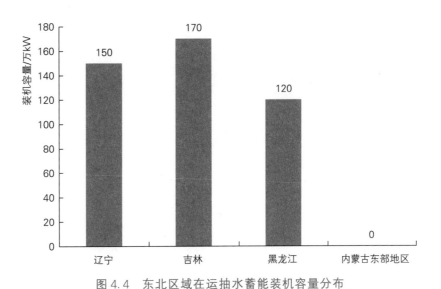

图 4.4　东北区域在运抽水蓄能装机容量分布

2023 年，东北区域核准抽水蓄能电站 5 座，核准总装机容量 710 万 kW。截至 2023 年年底，东北区域抽水蓄能电站核准在建总装机容量为 1320 万 kW，辽宁核准在建容量最大，远高于吉林、黑龙江。东北区域核准在建抽水蓄能装机容量分布如图 4.5 所示。

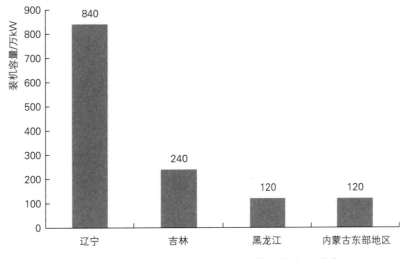

图 4.5　东北区域核准在建抽水蓄能装机容量分布

4.2.3　华东区域

2023 年，华东区域新增投产抽水蓄能装机容量 65 万 kW。截至 2023 年年底，华东区域抽水蓄能电站投产总装机容量达到 1791 万 kW。其中，浙江抽水蓄能装机容量最大，安徽、福建次之，上海无抽水蓄能机组投产在运。华东区域在运抽水蓄能装机容量分布情况如图 4.6 所示。

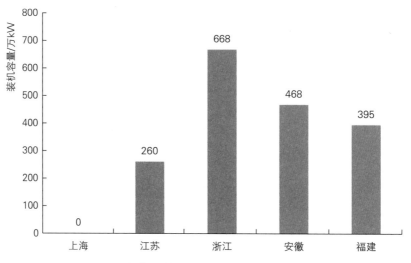

图 4.6　华东区域在运抽水蓄能装机容量分布

2023 年，华东区域核准抽水蓄能电站 13 座，核准总装机容量 1324.5 万 kW。 截至 2023 年年底，华东区域抽水蓄能电站核准在建总装机容量为 3862.5 万 kW，浙江核准在建容量最大，上海无核准在建的抽水蓄能电站。 华东区域核准在建抽水蓄能装机容量分布如图 4.7 所示。

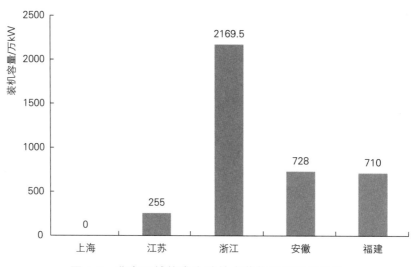

图 4.7　华东区域核准在建抽水蓄能装机容量分布

4.2.4　华中区域

2023 年，华中区域新增投产抽水蓄能装机容量 90 万 kW。 截至 2023 年年底，华中区域抽水蓄能电站投产总装机容量达到 619 万 kW。 其中，河南抽水蓄能装机容量最大。 华中区域在运抽水蓄能装机容量分布情况如图 4.8 所示。

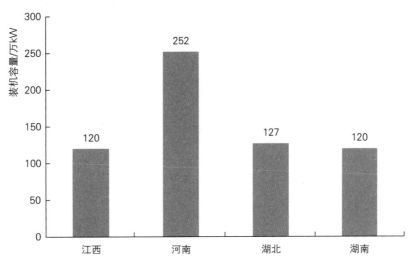

图 4.8　华中区域在运抽水蓄能装机容量分布

2022 年，华中区域核准抽水蓄能电站 8 座，核准总装机容量 800 万 kW。 截至 2023 年年底，华中区域抽水蓄能电站核准在建总装机容量为 4009.6 万 kW，湖北核准在建容量最大，湖南、河南次之，江西最小。 华中区域核准在建抽水蓄能装机容量分布如图 4.9 所示。

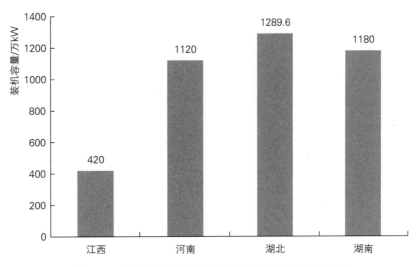

图 4.9　华中区域核准在建抽水蓄能装机容量分布

4.2.5　南方区域

2023 年，南方区域无抽水蓄能电站投产。 截至 2023 年年底，南方区域抽水蓄能电站投产总装机容量达到 1028 万 kW。 其中，广东抽水蓄能装机容量最大，海南仅有 1 座 60 万 kW 的抽水蓄能电站投产在运，广西、贵州、云南尚未有投产的抽水蓄能机组。 南方区域在运抽水蓄能装机容量分布情况如图 4.10 所示。

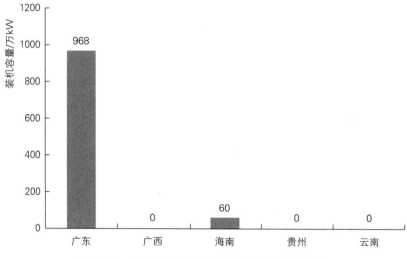

图 4.10 南方区域在运抽水蓄能装机容量分布

2023 年，南方电网核准抽水蓄能电站 10 座，核准总装机容量 1250 万 kW。截至 2023 年年底，南方区域抽水蓄能电站核准在建总装机容量为 2140 万 kW，广东核准在建容量最大，广西次之，贵州、云南较小，海南无在建抽水蓄能电站。南方区域核准在建抽水蓄能装机容量分布如图 4.11 所示。

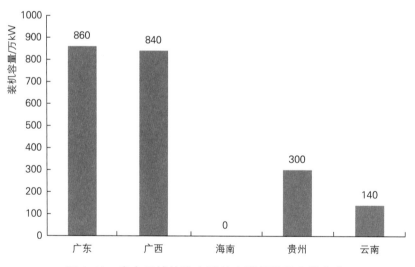

图 4.11 南方区域核准在建抽水蓄能装机容量分布

4.2.6 西南区域

2023 年，西南区域新增发电投产 1 台机组——重庆蟠龙抽水蓄能电站 1 号机组，投产容量 30 万 kW。截至 2023 年年底，西南区域抽水蓄能电站投产总装机容量达到 39 万 kW。西南区域在运抽水蓄能装机容量分布情况如图 4.12 所示。

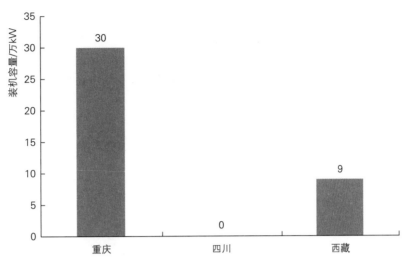

图 4.12　西南区域在运抽水蓄能装机容量分布

2023 年，西南区域核准 1 座抽水蓄能电站，装机容量 210 万 kW。 截至 2023 年年底，西南区域抽水蓄能电站核准在建总装机容量为 800 万 kW，重庆核准在建容量最大，西藏无核准在建的抽水蓄能电站。 西南区域核准在建抽水蓄能装机容量分布如图 4.13 所示。

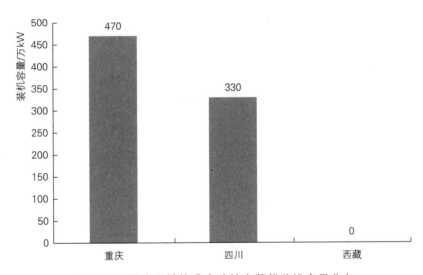

图 4.13　西南区域核准在建抽水蓄能装机容量分布

4.2.7　西北区域

2023 年，西北区域新增投产 1 台机组——新疆阜康抽水蓄能电站 1 号机组，投产容量 30 万 kW。 截至 2023 年年底，西北区域抽水蓄能电站投产总装机容量达到 30 万 kW。

2023 年，西北区域核准抽水蓄能电站 9 座，核准总装机容量 1430 万 kW。 截至 2023 年年底，西北区域抽水蓄能电站核准在建总装机容量为 3180 万 kW，甘肃核准在建容量

最大，新疆、青海、陕西次之，宁夏最小。西北区域核准在建抽水蓄能装机容量分布如图 4.14 所示。

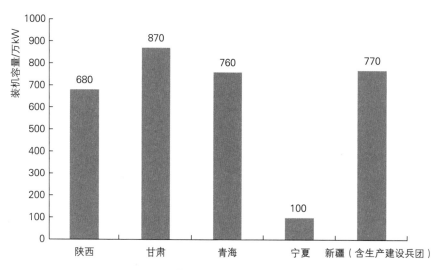

图 4.14 西北区域核准在建抽水蓄能装机容量分布

5 产业发展政策

5.1　建设管理体系

根据国家发展和改革委员会、国家能源局 2023 年 11 月发布的《抽水蓄能电站开发建设管理暂行办法（征求意见稿）》，抽水蓄能建设管理体系主要包括资源调查与需求论证、发展规划、建设管理、运行管理等方面的内容。

5.1.1　资源调查与需求论证

（1）资源调查

省级主管部门组织开展本地区抽水蓄能站点资源调查工作，应充分衔接国土空间规划、生态环境分区管控方案，对站点建设条件进行初步评估，选择满足地形地质、水源、生态环境等条件的站点。

（2）需求论证

省级主管部门组织开展本地区抽水蓄能发展需求论证，预测不同规划水平年负荷水平和特性、电源结构、电网网架结构等，统筹各类电力系统调节资源，综合考虑规划水平年电力保供、新能源合理利用率、电价承受能力等因素，研究提出本地区抽水蓄能发展需求规模建议。

国家主管部门组织开展全国抽水蓄能发展需求论证，加强与电力发展规划、可再生能源发展规划等的衔接，统筹协调各省份抽水蓄能需求规模建议，确定分区域分省抽水蓄能合理需求规模。经确定的需求规模是抽水蓄能中长期发展规划制定（修订）及项目纳规的基础。

5.1.2　发展规划

（1）制定中长期发展规划

省级主管部门依据国家主管部门确定的需求规模，可在站点资源调查的基础上，衔接国土空间规划有关要求，避让生态保护红线等敏感因素，统筹规模和布局，提出各 5 年规划期重点实施项目布局建议，并征求省级自然资源、生态环境、水利、林草、价格等主管部门意见。

国家主管部门组织制定抽水蓄能中长期发展规划，提出发展目标、主要任务、建设时序、保障措施等。中长期发展规划提出的各 5 年规划期重点实施项目，是各省份抽水蓄能项目核准的基本依据。

（2）修订中长期发展规划

国家主管部门每 5 年对中长期发展规划进行滚动修订，重点对发展目标、任务等进

行调整。 省级主管部门对中长期发展规划实施情况进行总结评估,研究发展需求,开展项目优选,提出项目调整建议。

（3）项目纳规

项目纳规按照《申请纳入抽水蓄能中长期发展规划重点实施项目技术要求（暂行）》（国能综通新能〔2023〕84号）执行,应具备相应的工作深度,并提出初步技术方案。

省级主管部门申请项目纳规应编制专题报告,并结合项目情况附省级自然资源、生态环境、林草等主管部门,以及电网企业出具的明确意见。

（4）项目退出

国家主管部门对中长期发展规划内重点实施项目实行动态平衡,保持项目合理规模,确保纳规项目质量。 对于已列入重点实施项目、但实施过程中无法按规划时序实施的项目,及时调出规划。

5.1.3 建设管理

（1）项目投资主体

坚持市场化配置资源,投资主体原则上宜通过市场化方式确定。 为主要流域水风光一体化基地、大型风电光伏基地等配套的抽水蓄能项目,在符合相关要求的前提下,同等条件下可优先选择基地开发主体作为投资主体。

（2）项目前期工作

项目单位应按照国家法律法规规定及规程规范要求,组织开展项目预可行性研究和可行性研究,杜绝人为压缩合理勘测设计周期和压减正常设计程序。 对于中长期发展规划内近期实施的项目,应制定前期工作方案,做好移民安置规划、项目用地及选址、社会稳定风险评估、环境保护、水土保持、接入系统设计等工作。

（3）项目核准

项目核准机关依据《企业投资项目核准和备案管理办法》等相关规定做好国家规划内项目核准,核准时应明确项目为电力系统服务或为特定电源服务,并征求省级价格主管部门意见。 为其他省份服务的项目,应与相关省份能源、价格主管部门及电网企业等单位达成一致意见,并在核准文件中予以明确。 不得以委托、下放等方式将项目核准权限交由省级以下核准机关。

（4）项目开工

项目单位按照法律法规和相关规定要求,办理项目环境影响评价、水资源论证及取水许可、水土保持方案、用林用地审批、工程质量监督注册等手续,未取得相关许可文件不得开工建设。 项目核准机关应加强协调和监督。

（5）项目建设

项目单位是抽水蓄能项目安全生产责任主体，履行好全过程质量和安全责任，督促设计、施工、监理等落实工程质量和安全的相关主体责任。

国家主管部门负责全国抽水蓄能电站安全生产的综合监督管理，主要包括施工安全监管、工程质量监管及运行安全监管。国家主管部门派出机构依职责承担所辖区域内抽水蓄能电站安全生产的监督管理。地方各级主管部门依照法律法规和有关规定，对本行政区域内的抽水蓄能电站安全生产履行管理责任。

对于出现重大设计变更的项目，项目核准机关应严格执行相关规定及技术规范，从严审核、严格控制工程投资增加，征求省级价格主管部门意见，按相关规定履行项目核准变更程序。

电网企业在电网规划及实施中，做好与抽水蓄能项目建设的衔接对接，在接入系统设计的基础上，加快并网工程建设。

（6）项目竣工

在完成阶段验收和专项验收的基础上，省级主管部门组织抽水蓄能项目竣工验收。项目单位按照《水电站大坝运行安全监督管理规定》要求，及时办理大坝登记备案和注册登记。

5.1.4 运行管理

省级主管部门和国家主管部门派出机构督促项目单位抓好项目建设和生产准备工作，指导电网企业规范抽水蓄能机组试运行考核和转入商业运营管理，确保具备条件的机组及时投入商业运营。

电网企业和抽水蓄能电站应在并网前按照平等互利、协商一致的原则签订并网协议并严格执行，会同电站运行管理单位制定电站运行调度规程，明确调度运行管理要求等，并严格按照调度规程进行调度运行，相关情况定期报送省级主管部门。

5.2 价格机制

5.2.1 价格机制沿革

中国抽水蓄能电站政策探索过单一电价制、租赁制等，逐步建立完善了抽水蓄能电价形成机制，对促进抽水蓄能电站健康发展、提升电站综合效益发挥了重要作用。

2014 年，国家发展和改革委员会印发《关于完善抽水蓄能电站价格形成机制有关问题的通知》（发改价格〔2014〕1763 号），确定抽水蓄能电站采用两部制电价，容量电费

和抽发损耗纳入当地省级电网（或区域电网）运行费用统一核算，电站成本费用可得到回收。

2019 年，国家发展和改革委员会、国家能源局联合印发《输配电定价成本监审办法》（发改价格规〔2019〕897 号），明确抽水蓄能的成本费用不得计入输配电定价成本。在这一时期，抽水蓄能电站参与电力市场的机制尚未建立，抽水蓄能电站投资合理回报实现机制缺位，影响了抽水蓄能电站的可持续发展。

2021 年 4 月，国家发展和改革委员会印发《关于进一步完善抽水蓄能价格形成机制的意见》（发改价格〔2021〕633 号），明确以竞争性方式形成电量电价，将容量电价纳入输配电价回收，同时强化与电力市场建设发展的衔接，逐步推动抽水蓄能电站进入市场。该意见为抽水蓄能电站容量费用的疏导明确了出路，社会各方对投资建设抽水蓄能电站热情高涨，有力推动了抽水蓄能电站的开发建设。抽水蓄能电站在电力系统中辅助服务作用明显，借鉴国外的经验，在电力市场环境下，通过辅助服务市场来部分解决抽水蓄能电站的费用疏导更有利于抽水蓄能电站可持续发展。目前，中国辅助服务市场还处在摸索阶段。长期来看，需加快推动抽水蓄能电站参与中长期、现货、辅助服务等市场交易，逐步通过市场回收成本、获取收益。

2023 年 5 月，国家发展和改革委员会印发《关于抽水蓄能电站容量电价及有关事项的通知》（发改价格〔2023〕533 号），公布了在运及 2025 年底前拟投运的 48 座抽水蓄能电站的容量电价，释放了清晰的价格信号，有利于形成稳定的行业预期，充分调动各方面积极性，推动抽水蓄能电站建设，发挥电站综合运行效益。同月，国家发展和改革委员会印发《关于第三监管周期省级电网输配电价及有关事项的通知》（发改价格〔2023〕526 号），进一步落实抽水蓄能容量电费疏导路径，纳入系统运行费，单列在输配电价之外。

5.2.2 现行价格机制

抽水蓄能电价政策坚持并优化两部制电价体系，一是以竞争性方式形成电量电价，弥补抽发损失；二是明确容量电价核定机制，通过容量电价回收抽发运行成本外的其他成本并获得合理收益。

抽水蓄能电站价格费用疏导途径包括：

1）电量电价解决电站抽水发电损耗。在电力现货市场尚未运行的地方，抽水蓄能电站抽水电量可由电网企业提供，抽水电价按燃煤发电基准价的 75% 执行；在电力现货市场运行的地方，抽水蓄能电站抽水电价、上网电价按现货市场价格及规则结算。

2）容量电费疏导至工商业用户端，纳入系统运行费用回收，由政府核定。

3）建立相关收益分享机制。 由政府核定电价的抽水蓄能电站，鼓励其参与辅助服务市场或辅助服务补偿机制，由此形成的相应收益，以及执行抽水电价、上网电价形成的收益，20% 由抽水蓄能电站分享，80% 在下一监管周期核定电站容量电价时相应扣减。

4）服务多个省级电网的，其容量费用可在不同电网间分摊。

5）同时服务特定电源与电力系统的，应明确机组容量分摊比例，容量电费按容量分摊比例在特定电源和电力系统之间进行分摊，即可通过电源侧疏导容量费用。

5.3 其他相关政策

5.3.1 水库库容管理

2023 年 12 月，水利部面向水利系统内部印发《关于加强水库库容管理的指导意见》（水运管〔2023〕350 号），提出在水库库区管理范围内，禁止建设妨碍行洪的建筑物、构筑物等；禁止筑坝拦汊、围（填）库造地、垃圾填埋、弃渣弃土，以及在有防洪任务的水库建设抽水蓄能电站等侵占库容和分隔库区水面的行为；禁止建设影响水库防洪安全和工程安全、危害库岸稳定的设施。

5.3.2 砂石开采管理

2023 年 4 月，自然资源部印发《关于规范和完善砂石开采管理的通知》（自然资发〔2023〕57 号），规定经批准设立的能源、交通、水利等基础设施、线性工程等建设项目，应按照节约集约原则动用砂石，在自然资源部门批准的建设项目用地（不含临时用地）范围内，因工程施工产生的砂石料可直接用于该工程建设，不办理采矿许可证。 上述自用仍有剩余的砂石料，由所在地的自然资源主管部门报县级以上地方人民政府组织纳入公共资源交易平台处置。 严禁擅自扩大施工范围采挖砂石，以及私自出售或以赠予为名擅自处置工程建设动用的砂石料。

5.3.3 水保管理工作

2023 年 7 月，水利部印发《生产建设项目水土保持方案审查要点》（办水保〔2023〕177 号），规定"土石方平衡（含表土）应明确挖方、填方、借方、弃方和调配情况。 表土应单独平衡。 借方来源、弃方去向应明确""弃渣场选址应经相关管理部门及土地权属单位（个人）确认，落实用地可行性。 禁止在河湖管理范围（含水库淹没区）内设

置；禁止在对公共设施、基础设施、工业企业、居民点等有重大影响的区域设置。 下游一定范围内有敏感因素的，应进行论证且论证结论能够支撑选址合规要求""对于水电工程，应按照行业规范要求开展弃渣场选址及多方案比选论证，堆渣量超 300 万立方米或最大堆渣高度超 100 米的弃渣场应进行专门论证"。

6 前期工作情况

6.1　前期工作总体进展

2023 年，全国有 90 个项目完成预可行性研究阶段工作，总装机容量 1.33 亿 kW；77 个项目完成可行性研究阶段工作，总装机容量 1.00 亿 kW，详见表 6.1。

表 6.1　　　　　　全国 2023 年各阶段项目前期工作情况汇总表

项目完成的阶段及数量	项 目 名 称
预可行性研究阶段 （90 个）	龙潭沟、西大峪、九宫山、东石岭、连泉、赤城、兴隆、滦平二期、抚宁大新寨、崇礼常峪口、青龙冰沟、宽城大石柱子、怀安西坪山、太阳沟、呼蓄二期、临朐、华皮岭、沂源田庄、沂源摩天岭、乳山单塔、通化、木箕河、榆树河、天岗、永和、二道海浪河、八五二农场、大跃峰、依兰煤矿、勃利九龙、西形冲、德化、大坪、大熊山、花园、麻城（黑石咀）、英山、江门鹤山、大浦青溪、乐昌野猪山、青麻园、黄茅岗、长滩、天湖、大旱、资源、武鸣、贺州、河池（罗城）、羊林、沿河（思渠）、黔西（新仁）、晴隆莲城、光马混合式、思南尖山村、桐梓大梁岗、兴义白碗窑、毕节杨家湾、凤冈（贾壳山）、关岭下坝、綦江蟠龙（二期）、武隆银盘、涪陵太和、叶巴滩混合式、双江口混合式、大邑、八宿卡瓦白庆、左贡塔隆、察雅吉塘、汉滨、乔家山、宕昌、康乐、平川、张掖青龙沟、张掖丹霞、张掖白杨河、积石山、德令哈、共和、牛首山东、榆树沟东、精河、鄯善、高昌、高昌西、塔什库尔干、喀拉喀什、新星东、新星五道沟
可行性研究阶段 （77 个）	滦平、蒲县、绛县、垣曲二期、枣庄山亭（庄里）、朝阳、太子河、前河、敦化塔拉河、连云港、永嘉、桐庐、乌溪江混合式、建德、紧水滩混合式、青田、岳西、休宁里庄、南安东田、漳平、古田溪混合式、仙游木兰、永安、华安、遂川、永新、寻乌、赣县、铅（yán）山、后寺河、九峰山、弓上、黄龙滩、魏家冲、清江、北山、潘口、太平、南漳、天子山、大王庙、金紫仙、山米冲、桂阳、木旺溪、江华湾水源、辰溪、车坪、广寒坪、电白、百色、钦州、贵港、玉林、来宾、灌阳、泸西、禄丰、梨园－阿海混合式、富民、福泉坪上、黔南、两河口混合式、大庄里、安康混合式、山阳、皇城、黄龙、黄羊、永昌、南山口、龙羊峡储能（一期）、同德、若羌、和静、布尔津、兵团红星

6.2　华北区域

6.2.1　天津市

2023 年，龙潭沟、西大峪 2 个项目完成预可行性研究阶段工作，总装机容量 280 万 kW。

（1）龙潭沟抽水蓄能电站

龙潭沟抽水蓄能电站位于天津市蓟州区北部山区，距天津市、北京市直线距离分别约 120km、95km。电站装机容量 180 万 kW，连续满发利用小时数 5h，额定水头 369m，

距高比 6.9。 电站建成后供电天津电网。

（2）西大峪抽水蓄能电站

西大峪抽水蓄能电站位于天津市蓟州区北部山区，距天津市、北京市直线距离分别约 120km、95km。 电站装机容量 100 万 kW，连续满发利用小时数 5h，额定水头 236m，距高比 7.9。 电站建成后供电天津电网。

6.2.2 河北省

2023 年，九宫山、东石岭、连泉、赤城、兴隆、滦平二期、抚宁大新寨、崇礼常峪口、青龙冰沟、宽城大石柱子、怀安西坪山共 11 个项目完成预可行性研究阶段工作，总装机容量 1278 万 kW；滦平项目完成可行性研究阶段工作，装机容量 120 万 kW。

（1）九宫山抽水蓄能电站

九宫山抽水蓄能电站位于河北省张家口市蔚县，距张家口市、北京市直线距离分别约 100km、120km。 电站装机容量 160 万 kW，连续满发利用小时数 6h，额定水头 727m，距高比 5.8。 电站建成后供电京津及冀北电网。

（2）东石岭抽水蓄能电站

东石岭抽水蓄能电站位于河北省邢台市沙河市，距邢台市、石家庄市直线距离分别约 37km、125km。 电站初选装机容量 118 万 kW，连续满发利用小时数 6h，额定水头 217m，距高比 7.5。 电站建成后供电河北南网。

（3）连泉抽水蓄能电站

连泉抽水蓄能电站位于河北省邯郸市涉县，距邯郸市、石家庄市直线距离分别约 68km、180km。 装机容量 120 万 kW，电站连续满发利用小时数 6h，额定水头 390m，距高比 8.23。 电站建成后供电河北南网。

（4）赤城抽水蓄能电站

赤城抽水蓄能电站位于河北省张家口市赤城县，距张家口市、北京市直线距离分别约 77km、132km。 电站装机容量 120 万 kW，连续满发利用小时数 6h，额定水头 497m，距高比 8.21。 电站建成后供电京津及冀北电网。

（5）兴隆抽水蓄能电站

兴隆抽水蓄能电站位于河北省承德市兴隆县，距承德市、唐山市、北京市直线距离分别约 55km、96km、145km。 电站装机容量 140 万 kW，电站连续满发利用小时数 6h，额定水头 646m，距高比 4.48。 电站建成后供电京津及冀北电网。

（6）滦平二期抽水蓄能电站

滦平二期抽水蓄能电站位于河北省承德市滦平县，距承德市、北京市直线距离分别约 30km、170km。 二期工程利用已核准的滦平抽水蓄能电站（装机容量 120 万 kW）的

上、下水库，不改变原有特征水位和调节库容，新建一套输水系统及地下厂房，新增装机容量 120 万 kW，电站连续满发利用小时数 7h，初拟额定水头 470m，距高比 3。 电站建成后供电京津及冀北电网。

（7）抚宁大新寨抽水蓄能电站

抚宁大新寨抽水蓄能电站位于河北省秦皇岛市抚宁区，距秦皇岛市、北京市直线距离分别约 20km、250km。 电站装机容量 120 万 kW，连续满发利用小时数 6h，额定水头 448m，距高比 6.23。 电站建成后供电京津及冀北电网。

（8）崇礼常峪口抽水蓄能电站

崇礼常峪口抽水蓄能电站位于河北省张家口市崇礼区，距张家口市、北京市直线距离分别约 25km、145km。 电站装机容量 120 万 kW，连续满发利用小时数 6h，额定水头 437m，距高比 6.3。 电站建成后供电京津及冀北电网。

（9）青龙冰沟抽水蓄能电站

青龙冰沟抽水蓄能电站位于河北省秦皇岛市青龙满族自治县，距秦皇岛市、唐山市、北京市直线距离分别约 80km、130km、250km。 电站装机容量 100 万 kW，连续满发利用小时数 6h，额定水头 292m，距高比 10.35。 电站建成后供电京津及冀北电网。

（10）宽城大石柱子抽水蓄能电站

宽城大石柱子抽水蓄能电站位于河北省承德市宽城满族自治县，距承德市、北京市直线距离分别约 104km、250km。 电站装机容量 120 万 kW，连续满发利用小时数 5h，额定水头 276m，距高比 6.2。 电站建成后供电京津及冀北电网。

（11）怀安西坪山抽水蓄能电站

怀安西坪山抽水蓄能电站位于河北省张家口市怀安县，距张家口市、北京市直线距离分别约 55km、205km。 电站装机容量 40 万 kW，连续满发利用小时数 6h，额定水头 215m，距高比 6.6。 电站建成后供电京津及冀北电网。

（12）滦平抽水蓄能电站

滦平抽水蓄能电站位于河北省承德市滦平县，距北京市直线距离约 170km。 电站装机容量 120 万 kW，额定水头 470m，距高比 3.2，具备连续满发 14h 的能力。 电站建成后供电京津冀电网。

6.2.3　山西省

2023 年，蒲县、绛县、垣曲二期 3 个项目完成可行性研究阶段工作，总装机容量 360 万 kW。

（1）蒲县抽水蓄能电站

蒲县抽水蓄能电站位于山西省临汾市蒲县，距太原市直线距离约 200km。 电站装机容量 120 万 kW，连续满发利用小时数 6h，额定水头 493m，距高比 5.5。 电站建成后供

电山西电网。

（2）绛县抽水蓄能电站

绛县抽水蓄能电站位于山西省运城市绛县，距太原市直线距离约 265km。电站装机容量 120 万 kW，连续满发利用小时数 6h，额定水头 408m，距高比 6.8。电站建成后供电山西电网。

（3）垣曲二期抽水蓄能电站

垣曲二期抽水蓄能电站位于山西省运城市垣曲县，距太原市直线距离约 315km。电站装机容量 120 万 kW，连续满发利用小时数 6h，额定水头 389，距高比 9.0。电站建成后供电山西电网。

6.2.4 内蒙古自治区西部

2023 年，太阳沟、呼蓄二期 2 个项目完成预可行性研究阶段工作，总装机容量 260 万 kW。

（1）太阳沟抽水蓄能电站

太阳沟抽水蓄能电站位于内蒙古自治区巴彦淖尔市乌拉特后旗，距巴彦淖尔市、呼和浩特市的直线距离分别约 60km、400km。电站装机容量 120 万 kW，连续满发利用小时数 6h，额定水头 393m，距高比 7.42。电站建成后供电内蒙古电网。

（2）呼蓄二期抽水蓄能电站

呼蓄二期抽水蓄能电站位于内蒙古自治区呼和浩特市新城区，距呼和浩特市中心直线距离约 15km。电站装机容量 140 万 kW，连续满发利用小时数 6h，额定水头 450m，距高比 6.2。电站建成后供电内蒙古电网。

6.2.5 山东省

2023 年，临朐、华皮岭、沂源田庄、沂源摩天岭、乳山单塔 5 个项目完成预可行性研究阶段工作，总装机容量 658 万 kW；枣庄山亭完成可行性研究阶段工作，装机容量 118 万 kW。

（1）临朐抽水蓄能电站

临朐抽水蓄能电站位于山东省潍坊市临朐县，距淄博市、潍坊市、济南市直线距离分别约 50km、90km、110km。电站装机容量 120kW，连续满发利用小时数 5h，额定水头 235m，距高比 5.18。电站建成后供电山东电网。

（2）华皮岭抽水蓄能电站

华皮岭抽水蓄能电站位于山东省临沂市蒙阴县，距临沂市、济南市直线距离分别约 55km、156km。电站装机容量 120 万 kW，连续满发利用小时数 5h，额定水头 281m，距高比 12.9。电站建成后供电山东电网。

（3）沂源田庄抽水蓄能电站

沂源田庄抽水蓄能电站位于山东省淄博市沂源县，距淄博市、济南市直线距离分别约 70km、100km。电站装机容量 118 万 kW，连续满发利用小时数 5h，额定水头 197m，距高比 13.9。电站建成后供电山东电网。

（4）沂源摩天岭抽水蓄能电站

沂源摩天岭抽水蓄能电站位于山东省淄博市沂源县，距淄博市、济南市直线距离分别约 70km、120km。电站装机容量 180 万 kW，初选连续满发利用小时数 5h，额定水头 270m，距高比 9.55。电站建成后供电山东电网。

（5）乳山单塔抽水蓄能电站

乳山单塔抽水蓄能电站位于山东省威海市乳山市，距威海市、济南市直线距离分别约 90km、370km。电站装机容量 120 万 kW，连续满发利用小时数 5h，额定水头 258m，距高比 12.1。电站建成后供电山东电网。

（6）枣庄山亭抽水蓄能电站

枣庄山亭（庄里）抽水蓄能电站位于山东省枣庄市山亭区，距济南市直线距离约 180km。电站装机容量 118 万 kW，连续满发利用小时数 5h，额定水头 242m，距高比 12。电站建成后供电山东电网。

6.3 东北区域

6.3.1 辽宁省

2023 年，朝阳、太子河 2 个项目完成可行性研究阶段工作，总装机容量 310 万 kW。

（1）朝阳抽水蓄能电站

朝阳抽水蓄能电站位于辽宁省朝阳市龙城区与朝阳县交界处，距沈阳市直线距离约 280km。电站装机容量 130 万 kW，连续满发利用小时数 6h，额定水头 339m，距高比 8.91。电站建成后供电辽宁电网。

（2）太子河抽水蓄能电站

太子河抽水蓄能电站位于辽宁省本溪市本溪满族自治县与明山区交界处，距沈阳市直线距离约 110km。电站装机容量 180 万 kW，连续满发利用小时数 6h，额定水头 427m，距高比 5.96。电站建成后供电辽宁电网。

6.3.2 吉林省

2023 年，通化、木箕河、榆树河、天岗 4 个项目完成预可行性研究阶段工作，总装

机容量 440 万 kW；敦化塔拉河、前河 2 个项目完成可行性研究阶段工作，总装机容量 300 万 kW。

（1）通化抽水蓄能电站

通化抽水蓄能电站位于吉林省通化市通化县，距通化市直线距离约 15km。电站装机容量 80 万 kW，连续满发利用小时数 5h，额定水头 173.2m，距高比 11.6。电站建成后供电吉林电网。

（2）木箕河抽水蓄能电站

木箕河抽水蓄能电站位于吉林省吉林市桦甸市和延边朝鲜族自治州敦化市交界处，距长春市直线距离约 200km。电站装机容量 120 万 kW，连续满发利用小时数 6h，额定水头 433m，距高比 6.9。电站建成后供电吉林电网。

（3）榆树河抽水蓄能电站

榆树河抽水蓄能电站位于吉林省白山市抚松县和靖宇县，距白山市、长春市直线距离分别约 77km、235km。电站装机容量 120 万 kW，连续满发利用小时数 6h，额定水头 290m，距高比 6.11。电站建成后供电吉林电网。

（4）天岗抽水蓄能电站

天岗抽水蓄能电站位于吉林省吉林市蛟河市，距吉林市、长春市直线距离分别约 35km、135km。电站装机容量 120 万 kW，连续满发利用小时数 6h，额定水头 334m，距高比 10.7。电站建成后供电吉林电网。

（5）敦化塔拉河抽水蓄能电站

敦化塔拉河抽水蓄能电站位于吉林省延边朝鲜族自治州敦化市，距敦化市、长春市直线距离分别约 60km、255km。电站装机容量 120 万 kW，连续满发利用小时数 6h，额定水头 339m，距高比 5.2。电站建成后供电吉林电网。

（6）前河抽水蓄能电站

前河抽水蓄能电站位于吉林省延边朝鲜族自治州汪清县，距长春市、延吉市直线距离分别约 320km、56km。电站装机容量 180 万 kW，连续满发利用小时数 6h，额定水头 580m，距高比 5.6。电站建成后供电吉林电网。

6.3.3 黑龙江省

2023 年，永和、二道海浪河、八五二农场、大跃峰、依兰煤矿、勃利九龙 6 个项目完成预可行性研究阶段工作，总装机容量 850 万 kW。

（1）永和抽水蓄能电站

永和抽水蓄能电站位于黑龙江省鸡西市鸡东县，距鸡西市、牡丹江市、哈尔滨市直线距离分别约 24km、128km、355km。电站装机容量 120 万 kW，连续满发利用小时数

5h，额定水头 262m，距高比 10。 电站建成后供电黑龙江电网。

（2）二道海浪河抽水蓄能电站

二道海浪河抽水蓄能电站位于黑龙江省牡丹江市海林市，距牡丹江市、哈尔滨市直线距离分别约 75km、200km。 电站装机容量 160 万 kW，连续满发利用小时数 12h，额定水头 734m，距高比 5.1。 电站建成后供电黑龙江电网。

（3）八五二农场抽水蓄能电站

八五二农场抽水蓄能电站位于黑龙江省双鸭山市宝清县，距双鸭山市、哈尔滨市直线距离分别约 140km、490km。 电站装机容量 120 万 kW，连续满发利用小时数 6h，额定水头 305m，距高比 14.9。 电站建成后供电黑龙江电网。

（4）大跃峰抽水蓄能电站

大跃峰抽水蓄能电站位于黑龙江省鹤岗市东山区和伊春市美溪区交界处，距哈尔滨市直线距离约 335km。 电站装机容量 180 万 kW，连续满发利用小时数 6h，额定水头 454.7m，距高比 10.2。 电站建成后供电黑龙江电网。

（5）依兰煤矿抽水蓄能电站

依兰煤矿抽水蓄能电站位于黑龙江省哈尔滨市依兰县，距哈尔滨市直线距离约 214km。 电站装机容量 150 万 kW，连续满发利用小时数 5h，额定水头 228.5m，距高比 6.8。 电站建成后供电黑龙江电网。

（6）勃利九龙抽水蓄能电站

勃利九龙抽水蓄能电站位于黑龙江省七台河市勃利县，距哈尔滨市、七台河市直线距离分别约 305km、45km。 电站装机容量 120 万 kW，连续满发利用小时数 6h，额定水头 429m，距高比 8.95。 电站建成后供电黑龙江电网。

6.4　华东区域

6.4.1　江苏省

2023 年，连云港项目完成可行性研究阶段工作，装机容量 120 万 kW。

连云港抽水蓄能电站位于江苏省连云港市连云区，距连云港市、南京市直线距离分别约 19km、295km。 电站装机容量 120 万 kW，连续满发利用小时数 5h，额定水头 412m，距高比 6。 电站建成后供电江苏电网。

6.4.2　浙江省

2023 年，永嘉、桐庐、乌溪江混合式、建德、紧水滩混合式、青田 6 个项目完成可

行性研究阶段工作，总装机容量 679.5 万 kW。

（1）永嘉抽水蓄能电站

永嘉抽水蓄能电站位于浙江省温州市永嘉县，距温州市、杭州市直线距离分别约 20km、240km。电站装机容量 120 万 kW，连续满发利用小时数 6h，额定水头 566m，距高比 5.6。电站建成后供电浙江电网。

（2）桐庐抽水蓄能电站

桐庐抽水蓄能电站位于浙江省杭州市桐庐县，距离杭州市、上海市、南京市直线距离分别约 77km、240km、280km。电站装机容量 140 万 kW，连续满发利用小时数 7h，额定水头 535m，距高比 4.4。电站建成后供电浙江电网和华东电网。

（3）乌溪江混合式抽水蓄能电站

乌溪江混合式抽水蓄能电站位于浙江省衢州市衢江区，距杭州市直线距离约 220km。电站装机容量 29.8 万 kW，连续满发利用小时数 6h，额定水头 102m，距高比 21.7。电站建成后供电浙江电网。

（4）建德抽水蓄能电站

建德抽水蓄能电站位于浙江省建德市，距杭州市、上海市直线距离分别约 100km、260km。电站装机容量 240 万 kW，连续满发利用小时数 6.7h，额定水头 4m，距高比 3.94。电站建成后供电华东电网。

（5）紧水滩混合式抽水蓄能电站

紧水滩混合式抽水蓄能电站位于浙江省丽水市云和县，距杭州市直线距离约 230km。电站装机容量 29.7 万 kW，连续满发利用小时数 5.6h，额定水头 71m，距高比 21。电站建成后供电浙江电网。

（6）青田抽水蓄能电站

青田抽水蓄能电站位于浙江省丽水市青田县，距温州市、杭州市直线距离分别约 65km、240km。电站装机容量 120 万 kW，连续满发利用小时数 7h，额定水头 438m，距高比 8.4。电站建成后供电浙江电网。

6.4.3　安徽省

2023 年，西形冲项目完成预可行性研究阶段工作，装机容量 120 万 kW；岳西、休宁里庄 2 个项目完成可行性研究阶段工作，总装机容量 240 万 kW。

（1）西形冲抽水蓄能电站

西形冲抽水蓄能电站位于安徽省芜湖市弋江区，距合肥市、南京市、上海市直线距离分别约 125km、110km、300km。电站装机容量 120 万 kW，连续满发利用小时数 6h，额定水头 222m，距高比 6.8。电站建成后供电华东电网。

（2）岳西抽水蓄能电站

岳西抽水蓄能电站位于安徽省安庆市岳西县，距合肥市直线距离约 120km。电站装机容量 120 万 kW，连续满发利用小时数 6h，额定水头 359m，距高比 5.7。电站建成后供电安徽电网。

（3）休宁里庄抽水蓄能电站

休宁里庄抽水蓄能电站位于安徽省黄山市休宁县，距黄山市、合肥市的直线距离分别约 25km、245km。电站装机容量 120 万 kW，连续满发利用小时数 6h，额定水头 366m，距高比 6.6。电站建成后供电华东电网。

6.4.4　福建省

2023 年，德化项目完成预可行性研究阶段工作，装机容量 120 万 kW；南安东田、漳平、古田溪混合式、仙游木兰、永安、华安 6 个项目完成可行性研究阶段工作，总装机容量 665 万 kW。

（1）德化抽水蓄能电站

德化抽水蓄能电站位于福建省泉州市德化县，距泉州市、福州市、厦门市直线距离分别约 70km、110km、115km。电站装机容量 120 万 kW，连续满发利用小时数 8h，额定水头 395m，距高比 8.4。电站建成后供电福建电网。

（2）南安东田抽水蓄能电站

南安东田抽水蓄能电站位于福建省南安市，距泉州市区、厦门市直线距离分别约 30km、50km。电站装机容量 120 万 kW，连续满发利用小时数 7h，额定水头 416m，距高比 3.91。电站建成后供电福建电网。

（3）漳平抽水蓄能电站

漳平抽水蓄能电站位于福建省龙岩市漳平市，距龙岩市、厦门市、福州市直线距离分别约 65km、150km、210km。电站装机容量 120 万 kW，连续满发利用小时数 7h，额定水头 423m，距高比 6.5。电站建成后供电福建电网。

（4）古田溪混合式抽水蓄能电站

古田溪混合式抽水蓄能电站位于福建省宁德市古田县，距宁德市、福州市直线距离分别约 80km、70km。电站装机容量 25 万 kW，连续满发利用小时数 6h，额定水头 119m，距高比 22.6。电站建成后供电福建电网。

（5）仙游木兰抽水蓄能电站

仙游木兰抽水蓄能电站位于福建省莆田市仙游县，距厦门市、福州市直线距离分别约 120km、85km。电站装机容量 140 万 kW，连续满发利用小时数 6h，额定水头 578m，距高比 4.1。电站建成后供电福建电网。

（6）永安抽水蓄能电站

永安抽水蓄能电站位于福建省三明市永安市，距厦门市、福州市直线距离分别约175km、225km。电站装机容量 120 万 kW，连续满发利用小时数 7h，额定水头 462m，距高比 4.5。电站建成后供电福建电网。

（7）华安抽水蓄能电站

华安抽水蓄能电站位于福建省漳州市华安县，距泉州市、厦门市直线距离分别约105km、65km。电站装机容量 140 万 kW，连续满发利用小时数 8h，额定水头 462m，距高比 8.6。电站建成后供电福建电网。

6.5 华中区域

6.5.1 江西省

2023 年，遂川、永新、寻乌、赣县、铅（yán）山 5 个项目完成可行性研究阶段工作，总装机容量 600 万 kW。

（1）遂川抽水蓄能电站

遂川抽水蓄能电站位于江西省吉安市遂川县，距吉安市、南昌市直线距离分别约95km、346km。电站装机容量 120 万 kW，连续满发利用小时数 6h，额定水头 357m，距高比 8.1。电站建成后供电江西电网。

（2）永新抽水蓄能电站

永新抽水蓄能电站位于江西省吉安市永新县，距吉安市、南昌市直线距离分别约65km、250km。电站装机容量 120 万 kW，连续满发利用小时数 6h，额定水头 317m，距高比 8.2。电站建成后供电江西电网。

（3）寻乌抽水蓄能电站

寻乌抽水蓄能电站位于江西省赣州市寻乌县，距南昌市直线距离约 410km。电站装机容量 120 万 kW，连续满发利用小时数 8h，额定水头 391m，距高比 8.68。电站建成后供电江西电网。

（4）赣县抽水蓄能电站

赣县抽水蓄能电站位于江西省赣州市赣县区，距吉安市、南昌市直线距离分别约150km、340km。电站装机容量 120 万 kW，连续满发利用小时数 6h，额定水头 424m，距高比 7.1。电站建成后供电江西电网。

（5）铅山抽水蓄能电站

铅山抽水蓄能电站位于江西省上饶市铅山县，距上饶市、抚州市直线距离分别约

60km、130km。电站装机容量 120 万 kW，连续满发利用小时数 7h，额定水头 418m，距高比 5.0。电站建成后供电江西电网。

6.5.2　河南省

2023 年，大坪、大熊山 2 个项目完成预可行性研究阶段工作，总装机容量 330 万 kW；后寺河、九峰山、弓上 3 个项目完成可行性研究阶段工作，总装机容量 450 万 kW。

（1）大坪抽水蓄能电站

大坪抽水蓄能电站位于河南省信阳市新县，距信阳市、郑州市直线距离分别约 120km、380km。电站装机容量 210 万 kW，连续满发利用小时数 6h，额定水头 602m，距高比 6.2。电站建成后供电河南电网。

（2）大熊山抽水蓄能电站

大熊山抽水蓄能电站位于河南省登封市，距登封市、郑州市直线距离分别约 20km、60km。电站装机容量 120 万 kW，连续满发利用小时数 6h，额定水头 296m，距高比 8.26。电站建成后供电河南电网。

（3）后寺河抽水蓄能电站

后寺河抽水蓄能电站位于河南省郑州市巩义市，距巩义市、郑州市直线距离分别约 7km、50km。电站装机容量 120 万 kW，连续满发利用小时数 6h，额定水头 455m，距高比 4.6。电站建成后供电河南电网。

（4）九峰山抽水蓄能电站

九峰山抽水蓄能电站位于河南省新乡市辉县市，距郑州市直线距离约 75km。电站装机容量 210 万 kW，连续满发利用小时数 6h，额定水头 682m，距高比 3.2。电站建成后供电河南电网。

（5）弓上抽水蓄能电站

弓上抽水蓄能电站位于河南省安阳市林州市，距安阳市、郑州市直线距离分别约 60km、140km。电站装机容量 120 万 kW，连续满发利用小时数 6h，额定水头 397m，距高比 5.1。电站建成后供电河南电网。

6.5.3　湖北省

2023 年，花园、麻城（黑石咀）、英山 3 个项目完成预可行性研究阶段工作，总装机容量 280 万 kW；黄龙滩、魏家冲、清江、北山、潘口、太平、南漳 7 个项目完成可行性研究阶段工作，总装机容量 669.6 万 kW。

（1）花园抽水蓄能电站

花园抽水蓄能电站位于湖北省黄冈市薪春县，距武汉市直线距离约 115km。电站装

机容量 120 万 kW，连续满发利用小时数 6h，额定水头 385m，距高比 5.3。 电站建成后供电湖北电网。

（2）麻城（黑石咀）抽水蓄能电站

麻城（黑石咀）抽水蓄能电站位于湖北省黄冈市麻城市，距麻城市、黄冈市、武汉市直线距离分别约 35km、130km、140km。 电站装机容量 40 万 kW，连续满发利用小时数 6h，额定水头 409m，距高比 5.5。 电站建成后供电湖北电网。

（3）英山抽水蓄能电站

英山抽水蓄能电站位于湖北省黄冈市英山县，距黄冈市、武汉市直线距离分别约 120km、160km。 电站装机容量 120 万 kW，连续满发利用小时数 6h，额定水头 284m，距高比 7.38。 电站建成后供电湖北电网。

（4）黄龙滩抽水蓄能电站

黄龙滩抽水蓄能电站位于湖北省十堰市张湾区，距武汉市直线距离约 426km。 电站装机容量 50 万 kW，连续满发利用小时数 6h，额定水头 265m，距高比 3.86。 电站建成后供电湖北电网。

（5）魏家冲抽水蓄能电站

魏家冲抽水蓄能电站位于湖北省黄冈市团风县，距黄冈市、武汉市的直线距离分别约 38km、70km。 电站装机容量 29.8 万 kW，连续满发利用小时数 6h，额定水头 170m，距高比 6.9。 电站建成后供电湖北电网。

（6）清江抽水蓄能电站

清江抽水蓄能电站位于湖北省宜昌市长阳土家族自治县，距宜昌市、武汉市直线距离分别约 28km、280km。 电站装机容量 120 万 kW，连续满发利用小时数 6h，额定水头 417m，距高比 3.54。 电站建成后供电湖北电网。

（7）北山抽水蓄能电站

北山抽水蓄能电站位于湖北省钟祥市，距武汉市、荆门市直线距离分别约 190km、25km。 电站装机容量 20 万 kW，连续满发利用小时数 6h，额定水头 104m，距高比 2.9。 电站建成后供电湖北电网。

（8）潘口混合式抽水蓄能电站

潘口混合式抽水蓄能电站位于湖北省十堰市竹山县，距十堰市、武汉市直线距离分别约 76km、430km。 电站装机容量 29.8 万 kW，连续满发利用小时数 5h，额定水头 81m，距高比 13.1。 电站建成后供电湖北电网。

（9）太平抽水蓄能电站

太平抽水蓄能电站位于湖北省宜昌市五峰土家族自治县，距宜昌市、武汉市直线距离分别约 103km、378km。 电站装机容量 240 万 kW，连续满发利用小时数 6h，额定水头

698m，距高比 6.75。 电站建成后供电湖北电网。

（10）南漳抽水蓄能电站

南漳抽水蓄能电站位于湖北省襄阳市南漳县，距襄阳市、武汉市直线距离分别约50km、300km。 电站装机容量 180 万 kW，连续满发利用小时数 6h，额定水头 514m，距高比 4.04。 电站建成后供电湖北电网。

6.5.4　湖南省

2023 年，天子山、大王庙、金紫仙、山米冲、桂阳、木旺溪、江华湾水源、辰溪、车坪、广寒坪 10 个项目完成可行性研究阶段工作，总装机容量 1300 万 kW。

（1）天子山抽水蓄能电站

天子山抽水蓄能电站位于湖南省永州市双牌县，距长沙市直线距离约 261km。 电站装机容量 140 万 kW，连续满发利用小时数 6h，额定水头 670m，距高比 5.01。 电站建成后供电湖南电网。

（2）大王庙抽水蓄能电站

大王庙抽水蓄能电站位于湖南省衡阳市衡南县，距长沙市直线距离约 177km。 电站装机容量 120 万 kW，连续满发利用小时数 6h，额定水头 387m，距高比 4.91。 电站建成后供电湖南电网。

（3）金紫仙抽水蓄能电站

金紫仙抽水蓄能电站位于湖南省郴州市安仁县，距长沙市直线距离约 226km。 电站装机容量 120 万 kW，连续满发利用小时数 6h，额定水头 382m，距高比 4.6。 电站建成后供电湖南电网。

（4）山米冲抽水蓄能电站

山米冲抽水蓄能电站位于湖南省衡阳市常宁市，距长沙市直线距离约 234km。 电站装机容量 120 万 kW，连续满发利用小时数 6h，额定水头 346m，距高比 4.05。 电站建成后供电湖南电网。

（5）桂阳抽水蓄能电站

桂阳抽水蓄能电站位于湖南省郴州市桂阳县，距长沙市直线距离约 235km。 电站装机容量 120 万 kW，额定水头 375m，距高比 8.9。 电站建成后供电湖南电网。

（6）木旺溪抽水蓄能电站

木旺溪抽水蓄能电站位于湖南省常德市桃源县，距常德市、长沙市直线距离分别约75km、173km。 电站装机容量 120 万 kW，连续满发利用小时数 6h，额定水头 379m，距高比 6.1。 电站建成后供电湖南电网。

（7）江华湾水源抽水蓄能电站

江华湾水源抽水蓄能电站位于湖南省永州市江华瑶族自治县，距永州市、长沙市的直线距离分别约 145km、368km。电站装机容量 140 万 kW，连续满发利用小时数 7h，额定水头 488m，距高比 4.52。电站建成后供电湖南电网。

（8）辰溪抽水蓄能电站

辰溪抽水蓄能电站位于湖南省怀化市辰溪县，距怀化市、长沙市直线距离分别约 60km、260km。电站装机容量 120 万 kW，连续满发利用小时数 6h，额定水头 324m，距高比 3.6。电站建成后供电湖南电网。

（9）车坪抽水蓄能电站

车坪抽水蓄能电站位于湖南省怀化市沅陵县，距长沙市直线距离约 245km。电站装机容量 120 万 kW，连续满发利用小时数 6h，额定水头 331m，距高比 5.29。电站建成后供电湖南电网。

（10）广寒坪抽水蓄能电站

广寒坪抽水蓄能电站位于湖南省株洲市攸县，距长沙市直线距离约 124km。电站装机容量 180 万 kW，连续满发利用小时数 6h，额定水头 421m，距高比 5.23。电站建成后供电湖南电网。

6.6　南方区域

6.6.1　广东省

2023 年，江门鹤山、大浦青溪、乐昌野猪山、青麻园、黄茅岗、长滩、天湖、大旱 8 个项目完成预可行性研究阶段工作，总装机容量 1200 万 kW；电白项目完成可行性研究阶段工作，装机容量 120 万 kW。

（1）江门鹤山抽水蓄能电站

江门鹤山抽水蓄能电站位于广东省江门市鹤山市，距江门市、广州市直线距离分别约 31km、70km。电站装机容量 100 万 kW，连续满发利用小时数 5h，额定水头 410m，距高比 4.8。电站建成后供电广东电网。

（2）大浦青溪抽水蓄能电站

大浦青溪抽水蓄能电站位于广东省梅州市大埔县，距梅州市、广州市直线距离分别约 60km、350km。电站装机容量 120 万 kW，连续满发利用小时数 6h，额定水头 364m，距高比 5.25。电站建成后供电广东电网。

（3）乐昌野猪山抽水蓄能电站

乐昌野猪山抽水蓄能电站位于广东省乐昌市，距韶关市、广州市直线距离分别约

80km、300km。 电站装机容量 120 万 kW，连续满发利用小时数 6h，额定水头 482m，距高比 6。 电站建成后供电广东电网。

（4）青麻园抽水蓄能电站

青麻园抽水蓄能电站位于广东省潮州市潮安区，距潮州市、广州市直线距离分别约31km、360km。 电站装机容量 240 万 kW，连续满发利用小时数 14h，额定水头 640m，距高比 6.8。 电站拟分两期开发，上、下水库一次建成，一期工程装机容量 120 万 kW（3×40 万 kW）。 电站建成后供电广东电网。

（5）黄茅岗抽水蓄能电站

黄茅岗抽水蓄能电站位于广东省江门市台山市，距江门市、广州市直线距离分别约75km、138km。 电站装机容量 120 万 kW，连续满发利用小时数 6h，额定水头 302m，距高比 5.0。 电站建成后供电广东电网。

（6）长滩抽水蓄能电站

长滩抽水蓄能电站位于广东省肇庆市广宁县，距肇庆市、广州市直线距离分别约100km、117km。 电站装机容量 140 万 kW，连续满发利用小时数 6h，额定水头 572m，距高比 6.23。 电站建成后供电广东电网。

（7）天湖抽水蓄能电站

天湖抽水蓄能电站位于广东省清远市连州市，距广州市、清远市直线距离分别约210km、150km。 电站装机容量 240 万 kW，连续满发利用小时数 7h，额定水头 455m，距高比 5.6。 电站建成后供电广东电网。

（8）大旱抽水蓄能电站

大旱抽水蓄能电站位于广东省云浮市郁南县，距云浮市、广州市直线距离分别约62km、186km。 电站装机容量 120 万 kW，连续满发利用小时数 6h，额定水头 277m，距高比 8.28。 电站建成后供电广东电网。

（9）电白抽水蓄能电站

电白抽水蓄能电站位于广东省茂名市电白区，距广州市直线距离约 270km。 电站装机容量120 万 kW，连续满发利用小时数 6h，额定水头 430m，距高比 10.2。 电站建成后供电广东电网。

6.6.2　广西壮族自治区

2023 年，资源、武鸣、贺州、河池（罗城）4 个项目完成预可行性研究阶段工作，总装机容量 520 万 kW；百色、钦州、贵港、玉林、来宾、灌阳 6 个项目完成可行性研究阶段工作，总装机容量 720 万 kW。

（1）资源抽水蓄能电站

资源抽水蓄能电站位于广西壮族自治区桂林市资源县，距桂林市直线距离约 90km。

电站装机容量 120 万 kW，连续满发利用小时数 6h，额定水头 562m，距高比 4.8。电站建成后供电广西电网。

（2）武鸣抽水蓄能电站

武鸣抽水蓄能电站位于广西壮族自治区南宁市武鸣区，距南宁市直线距离约 46km。电站装机容量 120 万 kW，连续满发利用小时数 6h，额定水头 335m，距高比 9.88。电站建成后供电广西电网。

（3）贺州抽水蓄能电站

贺州抽水蓄能电站位于广西壮族自治区贺州市八步区，距南宁市直线距离约 395km。电站装机容量 140 万 kW，连续满发利用小时数 6h，额定水头 526m，距高比 9.6。电站建成后供电广西电网。

（4）河池（罗城）抽水蓄能电站

河池（罗城）抽水蓄能电站位于广西壮族自治区河池市罗城仫佬族自治县，距河池市、南宁市直线距离分别约 60km、245km。电站装机容量 140 万 kW，连续满发利用小时数 6h，额定水头 442m，距高比 5.96。电站建成后供电广西电网。

（5）百色抽水蓄能电站

百色抽水蓄能电站位于广西壮族自治区百色市田东县，距田东县、百色市的直线距离分别约 19km、68km。电站装机容量 120 万 kW，连续满发利用小时数 6h，额定水头 286m，距高比 8.1。电站建成后供电广西电网。

（6）钦州抽水蓄能电站

钦州抽水蓄能电站位于广西壮族自治区钦州市灵山县，距南宁市直线距离约 88km。电站装机容量 120 万 kW，连续满发利用小时数 6h，额定水头 336m，距高比 5.11。电站建成后供电广西电网。

（7）贵港抽水蓄能电站

贵港抽水蓄能电站位于广西壮族自治区贵港市港北区，距南宁市直线距离约 130km。电站装机容量 120 万 kW，连续满发利用小时数 7h，额定水头 421m，距高比 5.29。电站建成后供电广西电网。

（8）玉林抽水蓄能电站

玉林抽水蓄能电站位于广西壮族自治区玉林市福绵区，距玉林市、南宁市直线距离分别约 28km、160km。电站装机容量 120 万 kW，连续满发利用小时数 6h，额定水头 415m，距高比 7.97。电站建成后供电广西电网。

（9）来宾抽水蓄能电站

来宾抽水蓄能电站位于广西壮族自治区来宾市金秀瑶族自治县，距柳州市、南宁市直线距离分别约 90km、250km。电站装机容量 120 万 kW，连续满发利用小时数 6h，额定

水头 479m，距高比 6.05。电站建成后供电广西电网。

（10）灌阳抽水蓄能电站

灌阳抽水蓄能电站位于广西壮族自治区桂林市灌阳县，距桂林市、南宁市直线距离分别约 79km、410km。电站装机容量 120 万 kW，连续满发利用小时数 6h，额定水头 460m，距高比 6.1。电站建成后供电广西电网。

6.6.3 海南省

2023 年，羊林项目完成预可行性研究阶段工作，装机容量 240 万 kW。

羊林抽水蓄能电站位于海南省三亚市崖州区和天涯区，距三亚市、海口市直线距离分别约 57km、330km。电站装机容量 240 万 kW，连续满发利用小时数 6h，额定水头 557m，距高比 6.9。电站建成后供电海南电网。

6.6.4 云南省

2023 年，泸西、禄丰、梨园-阿海混合式、富民 4 个项目完成可行性研究阶段工作，总装机容量 560 万 kW。

（1）泸西抽水蓄能电站

泸西抽水蓄能电站位于云南省红河哈尼族彝族自治州泸西县，距昆明市直线距离约 140km。电站装机容量 210 万 kW，连续满发利用小时数 8h，额定水头 663m，距高比 4.86。电站建成后供电云南电网。

（2）禄丰抽水蓄能电站

禄丰抽水蓄能电站位于云南省楚雄彝族自治州禄丰市与元谋县交界处，距昆明市直线距离约 100km。电站装机容量 120 万 kW，连续满发利用小时数 6h，额定水头 450m，距高比 9.2。电站建成后供电云南电网。

（3）梨园-阿海混合式抽水蓄能电站

梨园-阿海混合式抽水蓄能电站位于云南省迪庆藏族自治州香格里拉县与丽江市玉龙纳西族自治县交界的金沙江中游河段，距昆明市直线距离约 400km。电站装机容量 90 万 kW，连续满发利用小时数 6h，额定水头 102m，距高比 16.4。电站建成后供电云南电网。

（4）富民抽水蓄能电站

富民抽水蓄能电站位于云南省昆明市富民县，距昆明市直线距离约 53km。电站装机容量 140 万 kW，连续满发利用小时数 6h，额定水头 508m，距高比 4.47。电站建成后供电云南电网。

6.6.5 贵州省

2023 年，沿河（思渠）、黔西（新仁）、晴隆莲城、光马混合式、思南尖山村、桐梓

大梁岗、兴义白碗窑、毕节杨家湾、凤冈（贾壳山）、关岭下坝 10 个项目完成预可行性研究阶段工作，总装机容量 1350 万 kW；黔南、福泉坪上 2 个项目完成可行性研究阶段工作，总装机容量 270 万 kW。

（1）沿河（思渠）抽水蓄能电站

沿河（思渠）抽水蓄能电站位于贵州省铜仁市沿河土家族自治县，距贵阳市、铜仁市直线距离分别约 265km、130km。 电站装机容量 120 万 kW，连续满发利用小时数 6h，额定水头 519m，距高比 4.15。 电站建成后供电贵州电网。

（2）黔西（新仁）抽水蓄能电站

黔西（新仁）抽水蓄能电站位于贵州省毕节市黔西市，距黔西市、贵阳市直线距离分别约 22km、65km。 电站装机容量 120 万 kW，连续满发利用小时数 6h，额定水头 460m，距高比 4.1。 电站建成后供电贵州电网。

（3）晴隆莲城抽水蓄能电站

晴隆莲城抽水蓄能电站位于贵州省黔西南布依族苗族自治州晴隆县，距兴义市、贵阳市直线距离分别约 90km、165km。 电站装机容量 140 万 kW，连续满发利用小时数 6h，额定水头 682m，距高比 3.16。 电站建成后供电贵州电网。

（4）光马混合式抽水蓄能电站

光马混合式抽水蓄能电站位于贵州省安顺市关岭布依族苗族自治县与黔西南布依族苗族自治州晴隆县交界处，距六盘水市、安顺市、贵阳市直线距离分别约 80km、80km、160km。电站装机容量 80 万 kW，连续满发利用小时数 6h，额定水头 141m，距高比 7.2。 电站建成后供电贵州电网。

（5）思南尖山村抽水蓄能电站

思南尖山村抽水蓄能电站位于贵州省铜仁市思南县，距铜仁市、遵义市、贵阳市直线距离分别约 100km、120km、200km。 电站装机容量 180 万 kW，连续满发利用小时数 6h，额定水头 365m，距高比 3.5。 电站建成后供电贵州电网。

（6）桐梓大梁岗抽水蓄能电站

桐梓大梁岗抽水蓄能电站位于贵州省遵义市桐梓县，距遵义市、贵阳市直线距离分别约 80km、200km。 电站装机容量 160 万 kW，连续满发利用小时数 6h，额定水头 723m，距高比 2.65。 电站建成后供电贵州电网。

（7）兴义白碗窑抽水蓄能电站

兴义白碗窑抽水蓄能电站位于贵州省黔西南布依族苗族自治州兴义市，距贵阳市、兴义市直线距离分别约 250km、15km。 电站装机容量 120 万 kW，连续满发利用小时数 6h，额定水头 418m，距高比 4.8。 电站建成后供电贵州电网。

（8）毕节杨家湾抽水蓄能电站

毕节杨家湾抽水蓄能电站位于贵州省毕节市七星关区，距贵阳市、毕节市直线距离分别约 180km、35km。 电站装机容量 140 万 kW，连续满发利用小时数 6h，额定水头536m，距高比 4.1。 电站建成后供电贵州电网。

（9）凤冈（贾壳山）抽水蓄能电站

凤冈（贾壳山）抽水蓄能电站位于贵州省遵义市凤冈县，距遵义市、贵阳市直线距离分别约 75km、155km。 电站装机容量 140 万 kW，连续满发利用小时数 6h，额定水头602m，距高比 5.6。 电站建成后供电贵州电网。

（10）关岭下坝抽水蓄能电站

关岭下坝抽水蓄能电站位于贵州省安顺市关岭布依族苗族自治县，距安顺市、贵阳市直线距离分别约 63km、140km。 电站装机容量 150 万 kW，连续满发利用小时数 6h，额定水头 601m，距高比 2.77。 电站建成后供电贵州电网。

（11）黔南抽水蓄能电站

黔南抽水蓄能电站位于贵州省黔南布依族苗族自治州贵定县和福泉市，距贵阳市、都匀市直线距离分别约 70km、45km。 电站装机容量 150 万 kW，连续满发利用小时数6h，额定水头 526m，距高比 5.4。 电站建成后供电贵州电网。

（12）福泉坪上抽水蓄能电站

福泉坪上抽水蓄能电站位于贵州省黔南布依族苗族自治州福泉市，距贵阳市直线距离约 68km。 电站装机容量 120 万 kW，连续满发利用小时数 6h，额定水头 450m，距高比4.5。 电站建成后供电贵州电网。

6.7　西南区域

6.7.1　重庆市

2023 年，綦江蟠龙（二期）、武隆银盘、涪陵太和 3 个项目完成预可行性研究阶段工作，总装机容量 360 万 kW。

（1）綦江蟠龙（二期）抽水蓄能电站

綦江蟠龙（二期）抽水蓄能电站位于重庆市綦江区，距重庆城区、綦江城区直线距离分别约 70km、40km。 电站装机容量 120 万 kW，连续满发利用小时数 6h，额定水头273m，距高比 5.63。 电站建成后供电重庆电网。

（2）武隆银盘抽水蓄能电站

武隆银盘抽水蓄能电站位于重庆市武隆区，距重庆城区、武隆城区直线距离分别约140km、20km。 电站装机容量 120 万 kW，连续满发利用小时数 9h，额定水头 505m，距

高比 6.65。 电站建成后供电重庆电网。

（3）涪陵太和抽水蓄能电站

涪陵太和抽水蓄能电站位于重庆市涪陵区，距重庆城区直线距离约 80km。 电站装机容量 120 万 kW，连续满发利用小时数 6h，额定水头 544m，距高比 4.99。 电站建成后供电重庆电网。

6.7.2 四川省

2023 年，叶巴滩混合式、双江口混合式、大邑 3 个项目完成预可行性研究阶段工作，总装机容量 810 万 kW；两河口混合式项目完成可行性研究阶段工作，装机容量 120 万 kW。

（1）叶巴滩混合式抽水蓄能电站

叶巴滩混合式抽水蓄能电站位于四川省甘孜藏族自治州白玉县与西藏自治区昌都市贡觉县的金沙江干流上，距成都市直线距离约 500km。 电站装机容量 450 万 kW，额定水头 175m，距高比 7.2。 电站建成服务于水风光清洁能源基地。

（2）双江口混合式抽水蓄能电站

双江口混合式抽水蓄能电站位于四川省阿坝藏族羌族自治州马尔康市、金川县的大渡河干流上，距成都市直线距离约 240km。 电站装机容量 180 万 kW，额定水头 222m，距高比 16.9。 电站建成后服务于水风光清洁能源基地。

（3）大邑抽水蓄能电站

大邑抽水蓄能电站位于四川省成都市大邑县，距成都市直线距离约 65km。 电站装机容量 180 万 kW，连续满发利用小时数 6h，额定水头 378m，距高比 7.2。 电站建成后供电四川电网。

（4）两河口混合式抽水蓄能电站

两河口混合式抽水蓄能电站位于四川省甘孜藏族自治州雅江县，距成都市直线距离约 300km。 电站装机容量 120 万 kW，连续满发利用小时数 8h，额定水头 234m，距高比 14.5。 电站建成后供电四川电网。

6.7.3 西藏自治区

2023 年，八宿卡瓦白庆、左贡塔隆、察雅吉塘 3 个项目完成预可行性研究阶段工作，总装机容量 795 万 kW。

（1）八宿卡瓦白庆抽水蓄能电站

八宿卡瓦白庆抽水蓄能电站位于西藏自治区昌都市八宿县。 电站装机容量 225 万 kW，连续满发利用小时数 6h，额定水头 533m，距高比 4。 电站建成后服务于水风光清洁能源基地。

（2）左贡塔隆抽水蓄能电站

左贡塔隆抽水蓄能电站位于西藏自治区昌都市左贡县。 电站装机容量 270 万 kW，连续满发利用小时数 6h，额定水头 434m，距高比 12.48。 电站建成后服务于水风光清洁能源基地。

（3）察雅吉塘抽水蓄能电站

察雅吉塘抽水蓄能电站位于西藏自治区昌都市察雅县。 电站装机容量 300 万 kW，连续满发利用小时数 6h，额定水头 477m，距高比 6。 电站建成后服务于水风光清洁能源基地。

6.8　西北区域

6.8.1　陕西省

2023 年，汉滨、乔家山 2 个项目完成预可行性研究阶段工作，总装机容量 255 万 kW；大庄里、安康混合式、山阳 3 个项目完成可行性研究阶段工作，总装机容量 390 万 kW。

（1）汉滨抽水蓄能电站

汉滨抽水蓄能电站位于陕西省安康市汉滨区，距安康市、西安市直线距离分别约 18km、170km。 电站装机容量 120 万 kW，连续满发利用小时数 6h，额定水头 422m，距高比 4.25。 电站建成后供电陕西电网。

（2）乔家山抽水蓄能电站

乔家山抽水蓄能电站位于陕西省榆林市神木市，距榆林市、西安市直线距离分别约 88km、500km。 电站装机容量 135 万 kW，连续满发利用小时数 5h，额定水头 201m，距高比 5.34。 电站建成后供电陕西电网。

（3）大庄里抽水蓄能电站

大庄里抽水蓄能电站位于陕西省宝鸡市陈仓区，距西安市直线距离约 200km。 电站装机容量 210 万 kW，连续满发利用小时数 6h，额定水头 699m，距高比 3.35。 电站建成后供电陕西电网。

（4）安康混合式抽水蓄能电站

安康混合式抽水蓄能电站位于陕西省安康市，距西安市直线距离约 170km。 电站装机容量 60 万 kW，连续满发利用小时数 6h，额定水头 79m，距高比 11.4。 电站建成后供电陕西电网。

（5）山阳抽水蓄能电站

山阳抽水蓄能电站位于陕西省商洛市山阳县，距商洛市、西安市直线距离分别约

50km、200km。 电站装机容量 120 万 kW，连续满发利用小时数 5h，额定水头 545m，距高比 3.6。 电站建成后供电陕西电网。

6.8.2 甘肃省

2023 年，宕昌、康乐、平川、张掖青龙沟、张掖丹霞、张掖白杨河、积石山 7 个项目完成预可行性研究阶段工作，总装机容量 1280 万 kW；皇城、黄龙、黄羊、永昌 4 个项目完成可行性研究阶段工作，总装机容量 590 万 kW。

（1）宕昌抽水蓄能电站

宕昌抽水蓄能电站位于甘肃省陇南市宕昌县，距陇南市直线距离约 50km。 电站装机容量 140 万 kW，连续满发利用小时数 6h，额定水头 679m，距高比 2.73。 电站建成后供电甘肃电网。

（2）康乐抽水蓄能电站

康乐抽水蓄能电站位于甘肃省临夏回族自治州康乐县，距兰州市直线距离约 100km。 电站装机容量 120 万 kW，连续满发利用小时数 6h，额定水头 468m，距高比 5.11。 电站建成后供电甘肃电网。

（3）平川抽水蓄能电站

平川抽水蓄能电站位于甘肃省白银市平川区，距白银市、兰州市直线距离分别约 93km、132km。 电站装机容量 120 万 kW，连续满发利用小时数 6h。 电站建成后供电甘肃电网。

（4）张掖青龙沟抽水蓄能电站

张掖青龙沟抽水蓄能电站位于甘肃省张掖市肃南裕固族自治县，距张掖市、兰州市直线距离分别约 40km、420km。 电站装机容量 140 万 kW，连续满发利用小时数 6h，额定水头 607m，距高比 4.29。

（5）张掖丹霞抽水蓄能电站

张掖丹霞抽水蓄能电站位于甘肃省张掖市肃南裕固族自治县和甘州区，距张掖市、兰州市直线距离分别约 40km、450km。 电站装机容量 420 万 kW，连续满发利用小时数 6h，额定水头 544m，距高比 3.32。

（6）张掖白杨河抽水蓄能电站

张掖白杨河抽水蓄能电站位于甘肃省张掖市肃南裕固族自治县，距张掖市、嘉峪关市、酒泉市直线距离分别约 250km、50km、70km。 电站装机容量 280 万 kW，连续满发利用小时数 6h，额定水头 486m，距高比 3.09。 电站建成后供电甘肃电网。

（7）积石山抽水蓄能电站

积石山抽水蓄能电站位于甘肃省临夏回族自治州积石山县，距临夏回族自治州、兰

州市直线距离分别约30km、75km。 电站装机容量60万kW，连续满发利用小时数6h，额定水头325m，距高比6.25。 电站建成后供电甘肃电网。

（8）皇城抽水蓄能电站

皇城抽水蓄能电站位于甘肃省张掖市肃南裕固族自治县，距张掖市、武威市直线距离分别约185km、45km。 电站装机容量140万kW，连续满发利用小时数6h，额定水头547m，距高比5.35。 电站建成后供电甘肃电网。

（9）黄龙抽水蓄能电站

黄龙抽水蓄能电站位于甘肃省天水市，距兰州市直线距离约280km。 电站装机容量210万kW，连续满发利用小时数6h，额定水头640m，距高比3.6。 电站建成后供电甘肃电网。

（10）黄羊抽水蓄能电站

黄羊抽水蓄能电站位于甘肃省武威市凉州区，距兰州市直线距离约195km。 电站装机容量140万kW，连续满发利用小时数6h，额定水头479m，距高比6.55。 电站建成后供电甘肃电网。

（12）永昌抽水蓄能电站

永昌抽水蓄能电站位于甘肃省金昌市永昌县，距金昌市直线距离约25km。 电站装机容量100万kW，连续满发利用小时数5h，额定水头454m，距高比4.3。 电站建成后供电甘肃电网。

6.8.3　青海省

2023年，德令哈、共和2个项目完成预可行性研究阶段工作，总装机容量460万kW；南山口、龙羊峡储能（一期）、同德3个项目完成可行性研究阶段工作，总装机容量600万kW。

（1）德令哈抽水蓄能电站

德令哈抽水蓄能电站位于青海省海西蒙古族藏族自治州德令哈市，距德令哈市、西宁市直线距离分别约35km、370km。 电站装机容量60万kW，连续满发利用小时数6h，额定水头536m，距高比6.4。 电站建成后供电青海电网。

（2）共和抽水蓄能电站

共和抽水蓄能电站位于青海省海南藏族自治州共和县，距西宁市直线距离约110km。 电站装机容量400万kW，连续满发利用小时数6h，额定水头702m，距离比2.8。 电站建成后供电青海电网。

（3）南山口抽水蓄能电站

南山口抽水蓄能电站位于青海省海西蒙古族藏族自治州格尔木市，距西宁市、格尔

木市直线距离分别约 620km、30km。 电站装机容量 240 万 kW，连续满发利用小时数 6h，额定水头 425m，距高比 11.3。 电站建成后供电青海电网。

（4）龙羊峡储能（一期）抽水蓄能电站

龙羊峡储能（一期）抽水蓄能电站位于青海省海南藏族自治州共和县与贵南县交界处，距西宁市直线距离约 90km。 电站装机容量 120 万 kW，连续满发利用小时数 6h，额定水头 135m，距高比 13.67。 电站建成后供电青海电网。

（5）同德抽水蓄能电站

同德抽水蓄能电站位于青海省海南藏族自治州同德县，距西宁市直线距离约 230km。 电站装机容量 240 万 kW，连续满发利用小时数 6h，额定水头 378m，距高比 2.6。 电站建成后供电青海电网。

6.8.4　宁夏回族自治区

2023 年，牛首山东项目完成预可行性研究阶段工作，装机容量 140 万 kW。

牛首山东（牛首山二期）抽水蓄能电站位于宁夏回族自治区中卫市中宁县与青铜峡市交界的黄河青铜峡水库右岸牛首山西麓，距银川市、中卫市、吴忠市的直线距离分别约 87km、70km、36km。 电站装机容量 140 万 kW，连续满发利用小时数 6h，额定水头 466m，距高比 5.53。 电站建成后供电宁夏电网。

6.8.5　新疆维吾尔自治区和新疆生产建设兵团

2023 年，榆树沟东、精河、鄯善、高昌、塔什库尔干、喀拉喀什、高昌西、新星东、新星五道沟 9 个项目完成预可行性研究阶段工作，总装机容量 1260 万 kW；若羌、和静、布尔津、兵团红星 4 个项目完成可行性研究阶段工作，总装机容量 720 万 kW。

（1）榆树沟东抽水蓄能电站

榆树沟东抽水蓄能电站位于新疆维吾尔自治区哈密市伊州区，距哈密市、乌鲁木齐市直线距离分别约 35km、510km。 电站装机容量 140 万 kW，连续满发利用小时数 6h，额定水头 552m，距高比 2.95。 电站建成后供电新疆电网。

（2）精河抽水蓄能电站

精河抽水蓄能电站位于新疆维吾尔自治区博尔塔拉蒙古自治州精河县，距乌鲁木齐市、博尔塔拉蒙古自治州直线距离分别约 380km、104km。 电站装机容量 140 万 kW，连续满发利用小时数 6h，额定水头 548m，距高比 3.8。 电站建成后供电新疆电网。

（3）鄯善抽水蓄能电站

鄯善抽水蓄能电站位于新疆维吾尔自治区吐鲁番市鄯善县，距鄯善县、吐鲁番市直线距离分别约 50km、72km。 电站装机容量 140 万 kW，连续满发利用小时数 6h，额定水

头 602m，距高比 9.1。 电站建成后供电新疆电网。

（4）高昌抽水蓄能电站

高昌抽水蓄能电站位于新疆维吾尔自治区吐鲁番市高昌区，距吐鲁番市、乌鲁木齐市直线距离分别约 35km、135km。 电站装机容量 140 万 kW，连续满发利用小时数 6h，额定水头 638m，距高比 5.1。 电站建成后供电新疆电网。

（5）塔什库尔干抽水蓄能电站

塔什库尔干抽水蓄能电站位于新疆维吾尔自治区喀什地区塔什库尔干塔吉克自治县，距塔什库尔干塔吉克自治县、喀什市直线距离分别约 20km、190km。 电站装机容量 140 万 kW，连续满发利用小时数 6h，额定水头 592m，距高比 2.4。 电站建成后供电新疆电网。

（6）喀拉喀什抽水蓄能电站

喀拉喀什抽水蓄能电站位于新疆维吾尔自治区和田地区墨玉县，距乌鲁木齐市、墨玉县直线距离分别约 1050km、70km。 电站装机容量 140 万 kW，连续满发利用小时数 6h。 电站建成后供电新疆电网。

（7）高昌西抽水蓄能电站

高昌西抽水蓄能电站位于新疆维吾尔自治区吐鲁番市高昌区，距吐鲁番市、乌鲁木齐市直线距离分别约 52km、115km。 电站装机容量 120 万 kW，连续满发利用小时数 6h，额定水头 585m，距高比 6.58。 电站建成后供电新疆电网。

（8）新星东抽水蓄能电站

新星东抽水蓄能电站位于新疆生产建设兵团十三师新星市，距新星市、乌鲁木齐市直线距离分别约 28km、532km。 电站装机容量 160 万 kW，额定水头 698m，距高比 4.0。电站建成后供电新疆电网。

（9）新星五道沟抽水蓄能电站

新星五道沟抽水蓄能电站位于新疆生产建设兵团第十三师新星市，距哈密市、乌鲁木齐市直线距离分别约 61km、460km。 电站装机容量 140 万 kW，额定水头 653m，距高比 7.2。 电站建成后供电新疆电网。

（10）若羌抽水蓄能电站

若羌抽水蓄能电站位于新疆维吾尔自治区巴音郭楞蒙古自治州若羌县，距库尔勒市、乌鲁木齐市直线距离分别约 376km、572km。 电站装机容量 210 万 kW，连续满发利用小时数 6h，额定水头 350m，距高比 3.64。 电站建成后供电新疆电网。

（11）和静抽水蓄能电站

和静抽水蓄能电站位于新疆维吾尔自治区巴音郭楞蒙古自治州和静县，距和静县、库尔勒市直线距离分别约 84km、94km。 电站装机容量 210 万 kW，连续满发利用小时数 7h，额定水头 636m，距高比 3.6。 电站建成后供电新疆电网。

（12）布尔津抽水蓄能电站

布尔津抽水蓄能电站位于新疆维吾尔自治区阿勒泰地区布尔津县，距乌鲁木齐市直线距离约 450km。 电站装机容量 140 万 kW，连续满发利用小时数 6h，额定水头 590m，距高比 2.9。 电站建成后供电新疆电网。

（13）兵团红星抽水蓄能电站

兵团红星抽水蓄能电站位于新疆生产建设兵团第十三师红星四场，距新星市、哈密市、乌鲁木齐市直线距离分别约 31km、49km、535km。 电站装机容量 160 万 kW，连续满发利用小时数 6h，额定水头 745m，距高比 3.58。 电站建成后供电新疆电网。

7 项目核准

7.1　总体情况

2023 年核准抽水蓄能电站 49 座，核准总装机容量 6342.5 万 kW。此外，海南三亚羊林抽水蓄能电站装机容量 240 万 kW 于 2023 年 3 月完成备案。2023 年西北、华东、南方电网核准装机容量均超过 1000 万 kW。截至 2023 年年底，全国抽水蓄能电站核准在建总装机容量为 1.79 亿 kW。全国核准在建及 2023 年核准抽水蓄能装机容量分布如图 7.1 所示。全国 2023 年核准抽水蓄能电站分区域统计见表 7.1。

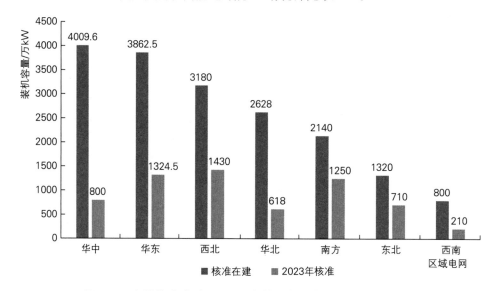

图 7.1　全国核准在建及 2023 年核准抽水蓄能装机容量分布

表 7.1　　　　　　　全国 2023 年核准抽水蓄能电站分区域统计表

区域电网	省　份	装机容量 /万 kW	数量 /座
华北	山东	118	1
	山西	500	4
	小计	618	5
东北	辽宁	590	4
	吉林	120	1
	小计	710	5
华东	安徽	240	2
	福建	425	4
	江苏	120	1
	浙江	539.5	6
	小计	1324.5	13

区域电网	省　份	装机容量 /万 kW	数量 /座
华中	河南	120	1
	湖北	180	1
	湖南	380	3
	江西	120	1
	小计	800	6
南方	广东	240	2
	广西	720	6
	贵州	150	1
	云南	140	1
	小计	1250	10
西南	四川	210	1
	小计	210	1
西北	甘肃	330	2
	陕西	540	4
	新疆	560	3
	小计	1430	9
总　计		6342.5	49

7.2　核准项目概况

7.2.1　华北区域

（1）山西省

2023 年，山西省核准垣曲二期、蒲县、盂县上社、绛县 4 座抽水蓄能电站，总装机容量 500 万 kW，见表 7.2。

表 7.2　　　　　　　　　山西省 2023 年核准抽水蓄能电站情况表

序号	电站名称	所在地	装机容量 /万 kW	总投资 /亿元	业　主　单　位
1	垣曲二期	运城市	120	94.08	中国能源建设集团有限公司
2	蒲县	临汾市	120	97.03	中国华电集团有限公司
3	盂县上社	阳泉市	140	92.51	中国长江三峡集团有限公司
4	绛县	运城市	120	89.77	国家电网有限公司

（2）山东省

2023 年，山东省核准枣庄山亭抽水蓄能电站，装机容量 118 万 kW，见表 7.3。

表 7.3　　　　　　　　山东省 2023 年核准抽水蓄能电站情况表

序号	电站名称	所在地	装机容量 /万 kW	总投资 /亿元	业 主 单 位
1	枣庄山亭	枣庄市	118	84.40	国家电网有限公司

7.2.2　东北区域

（1）辽宁省

2023 年，辽宁省核准大雅河、兴城、朝阳、太子河 4 座抽水蓄能电站，总装机容量 590 万 kW，见表 7.4。

表 7.4　　　　　　　　辽宁省 2023 年核准抽水蓄能电站情况表

序号	电站名称	所在地	装机容量 /万 kW	总投资 /亿元	业 主 单 位
1	大雅河	本溪市	160	109.59	国家电网有限公司
2	兴城	葫芦岛市	120	82.57	国家电网有限公司
3	朝阳	朝阳市	130	94.62	华源电力股份有限公司
4	太子河	本溪市	180	121.45	中国能源建设集团有限公司

（2）吉林省

2023 年，吉林省核准敦化塔拉河抽水蓄能电站，装机容量 120 万 kW，见表 7.5。

表 7.5　　　　　　　　吉林省 2023 年核准抽水蓄能电站情况表

序号	电站名称	所在地	装机容量 /万 kW	总投资 /亿元	业 主 单 位
1	敦化塔拉河	敦化市	120	81.50	国家开发投资集团有限公司

7.2.3　华东区域

（1）浙江省

2023 年，浙江省核准紧水滩混合式、乌溪江混合式、庆元、柯城、青田、江山 6 座抽水蓄能电站，总装机容量 539.5 万 kW，见表 7.6。

7　项目核准

表7.6　　　　　　　　　　浙江省2023年核准抽水蓄能电站情况表

序号	电站名称	所在地	装机容量/万kW	总投资/亿元	业　主　单　位
1	紧水滩混合式	丽水市	29.7	24.96	国家电网有限公司
2	乌溪江混合式	衢州市	29.8	23.43	中国华电集团有限公司
3	庆元	丽水市	120	84.00	杭州钢铁集团有限公司
4	柯城	衢州市	120	80.72	国家电网有限公司
5	青田	丽水市	120	80.12	杭州钢铁集团有限公司
6	江山	衢州市	120	83.07	万里扬集团有限公司

（2）江苏省

2023年，江苏省核准连云港抽水蓄能电站，装机容量120万kW，见表7.7。

表7.7　　　　　　　　　　江苏省2023年核准抽水蓄能电站情况表

序号	电站名称	所在地	装机容量/万kW	总投资/亿元	业　主　单　位
1	连云港	连云港市	120	85.80	江苏省国信集团有限公司

（3）福建省

2023年，福建省核准古田溪混合式、永安、仙游木兰、华安4座抽水蓄能电站，总装机容量425万kW，见表7.8。

表7.8　　　　　　　　　　福建省2023年核准抽水蓄能电站情况表

序号	电站名称	所在地	装机容量/万kW	总投资/亿元	业　主　单　位
1	古田溪混合式	宁德市	25	20.62	中国华电集团有限公司
2	永安	三明市	120	74.96	福建省投资开发集团有限责任公司
3	仙游木兰	莆田市	140	89.09	福建省能源石化集团有限责任公司
4	华安	漳州市	140	91.29	福建省能源石化集团有限责任公司

（4）安徽省

2023年，安徽省核准休宁里庄、岳西2座抽水蓄能电站，总装机容量240万kW，见表7.9。

表7.9　　　　　　　　　　安徽省2023年核准抽水蓄能电站情况表

序号	电站名称	所在地	装机容量/万kW	总投资/亿元	业　主　单　位
1	休宁里庄	黄山市	120	81.51	中国长江三峡集团有限公司
2	岳西	安庆市	120	75.28	国家电网有限公司

7.2.4 华中区域

（1）湖南省

2023 年，湖南省核准汨罗玉池、辰溪、江华湾水源 3 座抽水蓄能电站，总装机容量 380 万 kW，见表 7.10。

表 7.10　　　　　　　　湖南省 2023 年核准抽水蓄能电站情况表

序号	电站名称	所在地	装机容量/万 kW	总投资/亿元	业 主 单 位
1	汨罗玉池	岳阳市	120	81.04	国家电网有限公司
2	辰溪	怀化市	120	78.65	中国电力建设集团有限公司
3	江华湾水源	永州市	140	89.64	湖南省能源投资集团有限公司

（2）湖北省

2023 年，湖北省核准南漳抽水蓄能电站，装机容量 180 万 kW，见表 7.11。

表 7.11　　　　　　　　湖北省 2023 年核准抽水蓄能电站情况表

序号	电站名称	所在地	装机容量/万 kW	总投资/亿元	业 主 单 位
1	南漳	襄阳市	180	118.24	中国长江三峡集团有限公司

（3）河南省

2023 年，河南省核准汝阳抽水蓄能电站，装机容量 120 万 kW，见表 7.12。

表 7.12　　　　　　　　河南省 2023 年核准抽水蓄能电站情况表

序号	电站名称	所在地	装机容量/万 kW	总投资/亿元	业 主 单 位
1	汝阳	汝阳市	120	87.52	中国大唐集团有限公司

（4）江西省

2023 年，江西省核准铅（yán）山抽水蓄能电站，装机容量 120 万 kW，见表 7.13。

表 7.13　　　　　　　　江西省 2023 年核准抽水蓄能电站情况表

序号	电站名称	所在地	装机容量/万 kW	总投资/亿元	业 主 单 位
1	铅山	上饶市	120	77.40	国家电力投资集团有限公司

7.2.5　南方区域

（1）贵州省

2023 年，贵州省核准抽黔南水蓄能电站，装机容量 150 万 kW，见表 7.14。

表 7.14　　　　　　　贵州省 2023 年核准抽水蓄能电站情况表

序号	电站名称	所在地	装机容量 /万 kW	总投资 /亿元	业 主 单 位
1	黔南	黔南布依族苗族自治州	150	96.38	贵州乌江能源集团有限责任公司

（2）广西壮族自治区

2023 年，广西壮族自治区核准来宾、灌阳、玉林、钦州、贵港、百色 6 座抽水蓄能电站，总装机容量 720 万 kW，见表 7.15。

表 7.15　　　　　广西壮族自治区 2023 年核准抽水蓄能电站情况表

序号	电站名称	所在地	装机容量 /万 kW	总投资 /亿元	业 主 单 位
1	来宾	来宾市	120	81.30	华源电力股份有限公司
2	灌阳	桂林市	120	79.10	中国南方电网有限责任公司
3	玉林	玉林市	120	83.60	中国南方电网有限责任公司
4	钦州	钦州市	120	78.60	中国南方电网有限责任公司
5	贵港	贵港市	120	80.80	中国南方电网有限责任公司
6	百色	百色市	120	80.20	中国广核集团有限公司

（3）广东省

2023 年，广东省核准岑田、电白 2 座抽水蓄能电站，总装机容量 240 万 kW，见表 7.16。

表 7.16　　　　　　　广东省 2023 年核准抽水蓄能电站情况表

序号	电站名称	所在地	装机容量 /万 kW	总投资 /亿元	业 主 单 位
1	岑田	河源市	120	80.36	深圳能源集团股份有限公司
2	电白	茂名市	120	77.67	中国南方电网有限责任公司

（4）云南省

2023 年，云南省核准富民抽水蓄能电站，装机容量 140 万 kW，见表 7.17。

表 7.17　　　　　　　云南省 2023 年核准抽水蓄能电站情况表

序号	电站名称	所在地	装机容量/万 kW	总投资/亿元	业 主 单 位
1	富民	昆明市	140	92.66	中国电力建设集团有限公司

7.2.6　西南区域

2023 年，四川省核准道孚抽水蓄能电站，装机容量 210 万 kW，见表 7.18。

表 7.18　　　　　　　四川省 2023 年核准抽水蓄能电站情况表

序号	电站名称	所在地	装机容量/万 kW	总投资/亿元	业 主 单 位
1	道孚	甘孜藏族自治州	210	151.11	国家开发投资集团有限公司

7.2.7　西北区域

（1）甘肃省

2023 年，甘肃省核准黄龙、永昌 2 座抽水蓄能电站，总装机容量 330 万 kW，见表 7.19。

表 7.19　　　　　　　甘肃省 2023 年核准抽水蓄能电站情况表

序号	电站名称	所在地	装机容量/万 kW	总投资/亿元	业 主 单 位
1	黄龙	天水市	210	152.60	中国核工业集团有限公司
2	永昌	金昌市	120	97.50	中国华电集团有限公司

（2）陕西省

2023 年，陕西省核准曹坪、山阳、佛坪、沙河 4 座抽水蓄能电站，总装机容量 540 万 kW，见表 7.20。

表 7.20　　　　　　　陕西省 2023 年核准抽水蓄能电站情况表

序号	电站名称	所在地	装机容量/万 kW	总投资/亿元	业 主 单 位
1	曹坪	商洛市	140	106.81	国家电力投资集团有限公司
2	山阳	商洛市	120	95.29	中国长江三峡集团有限公司
3	佛坪	汉中市	140	108.57	陕西投资集团有限公司
4	沙河	汉中市	140	107.54	中国电力建设集团有限公司

（3）新疆维吾尔自治区

2023 年，新疆维吾尔自治区核准布尔津、和静、若羌 3 座抽水蓄能电站，总装机容量 560 万 kW，见表 7.21。

表 7.21　　　　新疆维吾尔自治区 2023 年核准抽水蓄能电站情况表

序号	电站名称	所在地	装机容量 /万 kW	总投资 /亿元	业 主 单 位
1	布尔津	阿勒泰地区	140	114.30	中国核工业集团有限公司
2	和静	巴音郭楞蒙古自治州	210	161.00	国家能源集团有限责任公司
3	若羌	巴音郭楞蒙古自治州	210	165.00	中国核工业集团有限公司

8 项目造价

2023 年，全国核准 49 项抽水蓄能电站工程项目，总装机容量 6342.5 万 kW。平均单位千瓦总投资 7041 元/kW，平均单位千瓦静态投资 5857 元/kW。2023 年抽水蓄能电站项目平均单位千瓦静态投资较 2022 年上涨 6.6%，其中装机容量在 100 万～150 万 kW 区间的电站（占核准项目总装机比例 74.9%）平均单位千瓦静态投资基本持平，装机容量在 200 万～360 万 kW 区间的电站由于有两项位于新疆地区，建设条件较差，较 2022 年上涨较大，带动 2023 年平均单位造价水平略有上涨。

8.1 抽水蓄能电站投资构成分析

2023 年核准的抽水蓄能电站项目核准投资各分项单位造价及所占比例见表 8.1 和图 8.1。

表 8.1 抽水蓄能电站项目核准投资各分项单位造价及所占比例

序号	项目名称	单位造价/(元/kW)	所占比例/%
1	施工辅助工程	440	7.51
2	建筑工程	2182	37.26
3	环境保护工程和水土保持工程	151	2.58
4	机电设备及安装工程	1324	22.60
5	金属结构设备及安装工程	291	4.96
6	建设征地移民安置补偿费用	206	3.53
7	独立费用	928	15.85
8	基本预备费	335	5.72
9	静态投资	5857	100

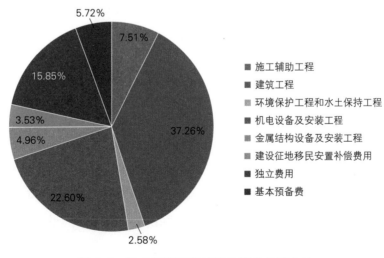

图 8.1 抽水蓄能项目核准投资各分项占比

由表 8.1 和图 8.1 可见，抽水蓄能电站项目投资中建筑工程占比最高，为 37.26%，主要集中于上下水库、输水系统及地下厂房系统；其次是机电设备及安装工程，因可逆式水泵水轮机、发电电动机机组单价较高，机电设备投资较高，占比为 22.60%。

抽水蓄能电站涉及环境影响因素较少、水库淹没影响范围较小，因此环境保护工程和水土保持工程、建设征地移民安置补偿费用占比较小，分别在 2.6% 和 3.5% 左右。

8.2 不同区域抽水蓄能电站项目造价水平

2023 年核准的抽水蓄能电站所处区域分布数量及平均单位造价情况为：华北区域 5 项，核准单位千瓦静态投资为 6209 元/kW；华东区域 13 项，单位千瓦静态投资为 5703 元/kW；华中区域 6 项，单位千瓦静态投资为 5497 元/kW；西北区域 9 项，单位千瓦静态投资为 6402 元/kW；南方区域 10 项，单位千瓦静态投资为 5524 元/kW；西南区域 1 项，单位千瓦静态投资为 5836 元/kW；东北区域 5 项，单位千瓦静态投资为 5737 元/kW。不同区域抽水蓄能电站项目单位千瓦静态投资如图 8.2 所示。

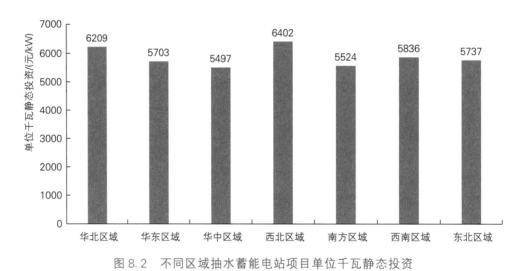

图 8.2 不同区域抽水蓄能电站项目单位千瓦静态投资

对比各区域抽水蓄能电站项目造价水平，西北区域最高，其次是华北区域，主要原因是成库条件差、需要开挖扩库工程量大；因岩石风化、库区渗漏问题严重且水资源匮乏，北方地区多采用混凝土面板、沥青混凝土面板全库盆防渗型式，库盆防渗工程投资较大，单位造价较高。特别是西北区域，水资源稀缺，需要设置补水工程并承担一定水权费用，同时现阶段要求抽水蓄能电站自建 750kV 升压站接入电网，导致机电设备及整体投资较高，电站总体单位造价明显高于其他地区。华中、南方区域建设条件较好且水

资源丰富，单位造价水平较低。

8.3　不同装机容量区间抽水蓄能电站项目造价水平

从装机容量分布来看，2023 年核准的抽水蓄能电站中，小于 50 万 kW 的有 3 项、50 万～100 万 kW 间无项目、100 万～150 万 kW 间有 38 项、150 万～200 万 kW 间有 4 项、200 万～360 万 kW 间有 4 项。其中，已核准的最小装机容量区间 0～50 万 kW 单位千瓦静态投资为 7250 元/kW，最大装机容量区间 200 万～360 万 kW 单位千瓦静态投资为 6128 元/kW。不同装机容量区间抽水蓄能电站项目单位千瓦静态投资如图 8.3 所示。

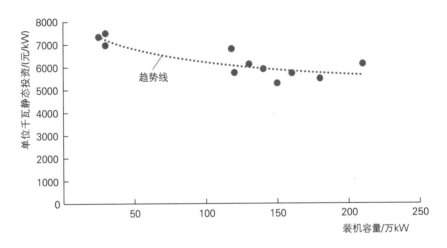

图 8.3　不同装机容量区间抽水蓄能电站项目单位千瓦静态投资

按装机容量分析，抽水蓄能电站项目单位造价基本呈现单位造价随规模增大而逐渐降低的规模效应，但 2023 年核准的 200 万～360 万 kW 装机容量电站中有两项位于新疆地区，建设条件较差，单位造价较高，导致 200 万～360 万 kW 装机容量电站的单位造价高于 150 万～200 万 kW 装机容量电站的单位造价。

8.4　不同成库条件抽水蓄能电站项目造价水平

上下水库库容开挖量与调节库容比值（简称开挖库容比）可用于表征抽水蓄能站点成库条件。在同等调节库容条件下，开挖量越小，则开挖库容比越小，说明成库条件越好。抽水蓄能站点选址时优先选择上下水库天然库盆地形，但部分地区地形条件相对较

差，需采取人工开挖库盆成库，导致开挖工程量大，投资相对较高。 根据 120 万 kW 装机项目分析情况来看，开挖库容比主要集中于 0.3～1.0 区间，部分项目达到 1.7。 由图 8.4 可见，成库条件对抽水蓄能电站投资影响较大，单位千瓦静态投资与开挖库容比基本呈正相关，个别项目因受其他因素叠加影响，略有偏离。

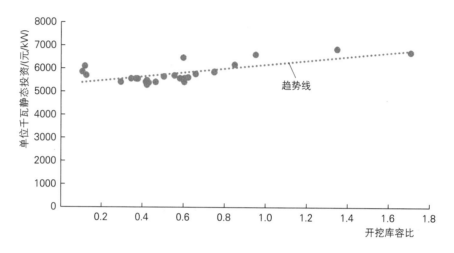

图 8.4　抽水蓄能电站项目单位千瓦静态投资随开挖库容

比变化关系（120 万 kW 装机项目）

混合式抽水蓄能项目利用已建上下水库，可减少库盆开挖及大坝填筑等相关投资，但混合式抽水蓄能电站输水系统布置、额定水头受限于已建水库位置，额定水头低，距高比大，进出水口施工难度一般也要大于常规新建水库，进而造成输水工程、机电设备及安装工程投资较大；此外，部分混合式抽水蓄能电站涉及上下水库利用补偿问题。 叠加上述因素，个别混合式抽水蓄能电站项目单位造价甚至可能高于同等规模新建双库电站项目。

8.5　不同库盆防渗工程造价水平

上下水库防渗方式差异对电站投资也有一定影响，按防渗方式分为局部垂直防渗和全库盆防渗两种方式。 南方地区一般地质情况较好且水资源丰富，多采用局部垂直防渗型式，单位造价较低；北方地区因岩石风化、库区渗漏问题严重且水资源匮乏，多采用混凝土面板、沥青混凝土面板全库盆防渗型式，库盆防渗工程投资较大，单位造价较高。 经统计，对于 120 万 kW 装机容量的电站，单个库的全库盆防渗工程中沥青混凝土面板/钢筋混凝土面板单位造价增加一般为 150～250 元/kW。

8.6　不同距高比输水建筑物造价分析

抽水蓄能电站距高比指输水建筑物水平投影长度与额定水头之比，是评估抽水蓄能电站特性和经济性的重要指标之一。 一般来说，相同额定水头下，距高比越大，意味着电站输水建筑物长度越长，投资越高。 根据统计分析，输水建筑物单位造价与距高比基本呈正相关，120 万 kW 装机项目，距高比每增加 1，输水建筑物投资约增加 2400 万元，如图 8.5 所示。

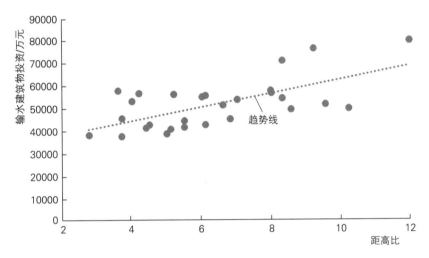

图 8.5　抽水蓄能电站项目输水建筑物投资随距高比变化关系（120 万 kW 装机项目）

8.7　补水工程造价分析

2023 年核准抽水蓄能电站项目中，13 项需单独修建补水工程，投资额在 1400 万 ~ 2 亿元区间。 影响补水系统投资的主要因素是抽水蓄能电站项目与水源之间的距离及水源集水方式。 补水投资主要包括输水管线、水源筑坝/围堰投资。 由图 8.6 可见（为显示

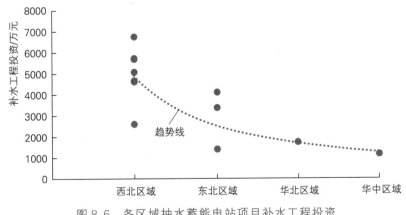

图 8.6　各区域抽水蓄能电站项目补水工程投资

相对关系，图中已剔除西北地区一项补水工程投资为 2 亿元的抽水蓄能项目），西北区域抽水蓄能电站建设补水工程相对较多，且工程投资相对较大。

8.8 趋势分析

"十二五"以来，抽水蓄能电站项目单位造价变化相对平稳，各时期内项目造价水平基本持平。其中，"十二五"期间，项目单位千瓦总投资基本处于 4800～6500 元/kW 区间范围；"十三五"期间，项目单位千瓦总投资略有抬升，基本处于 5500～7000 元/kW 区间范围；"十四五"以来，项目单位造价略有上移，但总体水平仍保持稳定态势，"十二五"以来核准抽水蓄能电站单位千瓦总投资变化趋势如图 8.7 所示（图中气泡面积大小代表装机规模）。

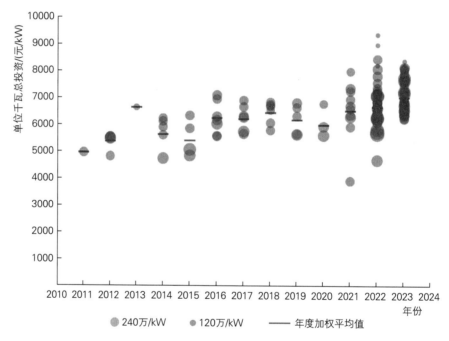

图 8.7 "十二五"以来核准抽水蓄能电站单位千瓦总投资变化趋势

综合来看，受站点开发难度逐步增加和物价波动等因素影响，抽水蓄能电站项目单位造价水平总体将呈缓慢上涨趋势，造价水平总体可控。但建设条件、设备产能、征地移民、环保、水保、人工成本等方面的难题和挑战仍然存在。

9 项目建设

9.1 核准在建项目总体情况

截至 2023 年年底，全国核准在建抽水蓄能项目共 134 个（项目核准至全容量投产），其中 2023 年新增核准项目 49 个（总装机规模 6342.5 万 kW）。各项目整体进展顺利，总体按照施工进度计划安排在有序建设实施。

2023 年，河北抚宁、河北尚义、山西垣曲、河南鲁山、浙江衢江、浙江磐安、浙江天台、安徽桐城、湖南平江、新疆哈密共 10 个项目完成了工程截流。山东文登上水库（第二阶段）、浙江宁海上水库和下水库、浙江缙云下水库、重庆蟠龙上水库和下水库、新疆阜康上水库和下水库、江苏句容下水库、辽宁清原上水库、福建厦门下水库、陕西镇安下水库开展了工程蓄水工作。山东文登、福建永泰和河南天池共 3 个项目实现全部投产，河北丰宁项目已投产 10 台机组，辽宁清原、重庆蟠龙、福建厦门和新疆阜康项目各投产 1 台机组。吉林敦化、黑龙江荒沟、广东阳江和梅州一期共 4 个项目通过了枢纽工程专项验收，浙江长龙山、安徽金寨、福建周宁及永泰、河南天池和山东文登共 6 个项目正在开展枢纽工程专项验收工作，内蒙古呼和浩特项目通过了竣工验收。

全国核准在建和已投运抽水蓄能项目总体情况见表 9.1。

表 9.1　　　　　　全国核准在建和已投运抽水蓄能项目总体情况

序号	阶 段	项 目 名 称
1	筹建准备期 （项目核准至主厂房顶拱开始开挖）	滦平、邢台、灵寿、隆化、阜平、迁西、浑源、盂县上社、蒲县、绛县、垣曲二期、枣庄山亭、庄河、太子河、朝阳、兴城、大雅河、蛟河、敦化塔拉河、尚志、连云港、泰顺、桐庐、松阳、建德、景宁、青田、江山、庆元、乌溪江混合式、紧水滩混合式、柯城、宁国、霍山、岳西、休宁里庄、云霄、华安、仙游木兰、永安、古田溪混合式、奉新、洪屏二期、铅（yán）山、九峰山、后寺河、弓上、龙潭沟、汝阳、清江、紫云山、南漳、宝华寺、江西观、大幕山、黑沟、太平、潘口混合式、安化、广寒坪、罗萍江、木旺溪、江华湾水源、汨罗玉池、辰溪、水源山、三江口、电白、岑田、百色、贵港、钦州、灌阳、玉林、来宾、贵阳、黔南、富民、栗子湾、两河口混合式、道孚、山阳、曹坪、佛坪、沙河（陕西）、皇城、张掖、黄羊、黄龙、永昌、玉门、哇让、同德、牛首山、和静、布尔津、若羌
2	主体工程施工期 （主厂房顶拱开始开挖至首台机组投产）	易县、抚宁、尚义、垣曲、乌海、潍坊、泰安二期、芝瑞、句容、宁海、缙云、天台、衢江、磐安、永嘉、桐城、石台、洛宁、五岳、鲁山、平坦原、魏家冲、平江、梅州二期、中洞、浪江、南宁、建全、菜籽坝、镇安、南山口、哈密

续表

序号	阶 段	项 目 名 称
3	工程完建期 (首台机组投产至全容量发电)	丰宁、清原、厦门、蟠龙、阜康
4	已全部建成项目	长龙山、金寨、周宁、永泰、天池、文登、沂蒙、敦化、荒沟、绩溪、梅州一期、阳江、十三陵、潘家口、张河湾、西龙池、呼和浩特、蒲石河、白山、沙河（江苏）、溧阳、宜兴、天荒坪、桐柏、仙居、溪口、响洪甸、琅琊山、响水涧、仙游、洪屏、泰山、回龙、宝泉、天堂、白莲河、黑麋峰、羊卓雍湖、广州、惠州、清远、深圳、琼中
5	完成工程竣工验收	洪屏、溧阳、清远、惠州、深圳、琼中、呼和浩特

9.2　华北区域

9.2.1　河北省

河北省核准在建抽水蓄能电站共 10 个，分别为丰宁、易县、抚宁、尚义、滦平、邢台、灵寿、隆化、阜平、迁西抽水蓄能电站。丰宁抽水蓄能电站 10 台定速机组已全部投入商业运行，2 台变速机组陆续进入调试阶段；抚宁和尚义项目已开展工程截流；其余项目正在进行筹建准备或处于主体工程施工期。截至 2023 年 12 月底，河北省核准在建抽水蓄能电站建设进展见表 9.2。

表 9.2　　　　　　　　　河北省核准在建抽水蓄能电站建设进展

序号	电站名称	形 象 进 度
1	丰宁	上水库工程、下水库工程、输水系统均已施工完成，10 台定速机组已全部投入商业运行，2 台变速机组陆续进入调试阶段
2	易县	上、下水库库盆开挖及大坝填筑全部完成，上水库库盆沥青面板正在实施，下水库大坝混凝土面板尚未施工，溢洪道正在开挖；1 号引水系统压力钢管开始安装，2 号引水上斜井开挖完成，尾水系统正在开挖支护；地下厂房开挖完成，正进行 1 号机尾水管安装
3	抚宁	上水库环库路正在开挖，下水库正在进行大坝填筑及趾板浇筑，泄洪放空洞施工完成；引水和尾水系统正在开挖，地下厂房和主变洞第二层开挖完成，排水廊道正在采用 TBM 开挖

续表

序号	电站名称	形象进度
4	尚义	上水库正在进行大坝填筑及库盆开挖支护,下水库拦沙坝及拦河坝正在进行混凝土浇筑,地下厂房正在进行第二层开挖
5	滦平	正在开展 35kV 变电站等筹建项目施工
6	灵寿	取得了先行用地批复意见,正在进行场内道路、交通洞、通风洞等项目的施工准备工作
7	邢台	正在编制招标设计报告以及前期标招标文件
8	隆化	正在开展筹建期工程施工准备工作
9	阜平	正在开展筹建期工程施工准备工作
10	迁西	正在开展筹建期工程施工准备工作

9.2.2 山西省

山西省核准在建抽水蓄能电站共 6 个,分别为垣曲、浑源、盂县上社、蒲县、绛县、垣曲二期抽水蓄能电站,垣曲项目下水库已完成工程截流。截至 2023 年 12 月底,山西省核准在建抽水蓄能电站建设进展见表 9.3。

表 9.3　　　　　　山西省核准在建抽水蓄能电站建设进展

序号	电站名称	形象进度
1	垣曲	下水库已于 2023 年 12 月截流,上水库大坝坝基开挖完成一半,中平洞施工支洞正在开挖,上平洞施工支洞已贯通,进厂交通洞开挖完成,地下厂房顶拱层开挖即将完成
2	浑源	上水库库盆开挖基本完成,下水库拦河坝和拦沙坝正在开挖,泄洪排沙洞进出口平洞开挖已完成,斜井段正在开挖;通风兼安全洞开挖完成,进厂交通洞、引水中平洞和上平洞施工支洞、场内道路正在施工
3	盂县上社	正在筹建
4	蒲县	正在筹建
5	绛县	正在筹建
6	垣曲二期	正在筹建

9.2.3 内蒙古自治区西部地区

内蒙古自治区西部地区核准在建抽水蓄能电站为乌海抽水蓄能电站。乌海项目场内道路正在实施。上水库和下水库正在进行库盆开挖;下水库排洪洞开挖完成,正在浇

筑。 通风洞已贯通，厂房交通洞和主厂房顶拱层中导洞正在开挖；补水工程完成高位水池及管线开挖。

9.2.4　山东省

山东省核准在建抽水蓄能电站共 5 个，分别为沂蒙、文登、潍坊、泰安二期、枣庄山亭抽水蓄能电站。 沂蒙抽水蓄能电站正在开展竣工验收的准备工作，文登抽水蓄能电站于 2023 年 6 月开展了上水库（二期）蓄水验收工作，并实现了 9 个月时间投产全部 6 台机组目标；潍坊和泰安二期项目处于主体工程施工期，泰安二期上水库和下水库于 2023 年 12 月完成工程截流。 截至 2023 年 12 月底，山东省核准在建抽水蓄能电站建设进展见表 9.4。

表 9.4　　　　　　　　　　　山东省核准在建抽水蓄能电站建设进展

序号	电站名称	形　象　进　度
1	沂蒙	工程 4 台机组已全部投入商业运行。目前已完成枢纽工程、消防、环保、水保、移民征地、竣工结算、劳安等专项验收工作，正在开展竣工验收的准备
2	文登	工程 6 台机组已于 2023 年 9 月全部投入商业运行，正在进行尾工处理
3	潍坊	地下厂房第三层开挖完成，主变洞全部开挖完成。上水库大坝正在填筑，库盆正在开挖；下水库进/出水口、引水和尾水系统正在开挖
4	泰安二期	上、下水库已于 2023 年 12 月截流，上水库正在进行坝基、库盆及进/出水口开挖，下水库主坝正在填筑，副坝正在开挖；1 号引水中平洞正在开挖，2 号和 3 号引水中平洞开挖支护完成；主厂房正在进行第二层开挖，主变洞顶拱层开挖完成
5	枣庄山亭	正在筹建

9.3　东北区域

9.3.1　辽宁省

辽宁省核准在建抽水蓄能电站共 6 个，分别为清原、庄河、太子河、朝阳、兴城、大雅河抽水蓄能电站。 清原抽水蓄能电站于 2023 年 6 月完成上水库蓄水验收，首台机组已投产发电。 截至 2023 年 12 月底，辽宁省核准在建抽水蓄能电站建设进展见表 9.5。

表 9.5 辽宁省核准在建抽水蓄能电站建设进展

序号	电站名称	形象进度
1	清原	上水库、下水库及尾水系统已施工完成，工程已蓄水；首台 1 号机组已发电，2 号机组已开展整机调试，其余 4 台机组正在安装；1 号引水系统已施工完成，2 号引水系统已完成支洞封堵，3 号引水系统正在进行混凝土衬砌施工和压力管道安装
2	庄河	正在开展交通洞、通风洞及场内道路施工
3	太子河	正在筹建
4	朝阳	正在筹建
5	兴城	正在筹建
6	大雅河	正在筹建

9.3.2 吉林省

吉林省核准在建抽水蓄能电站共 3 个，分别为敦化、蛟河、敦化塔拉河抽水蓄能电站。2023 年 7 月，敦化抽水蓄能电站通过枢纽工程专项验收。截至 2023 年 12 月底，吉林省核准在建抽水蓄能电站建设进展见表 9.6。

表 9.6 吉林省核准在建抽水蓄能电站建设进展

序号	电站名称	形象进度
1	敦化	工程已于 2023 年 7 月通过枢纽工程专项验收，正在进行尾工处理
2	蛟河	正在开展交通洞、通风洞及场内道路施工
3	敦化塔拉河	正在筹建

9.3.3 黑龙江省

黑龙江省核准在建抽水蓄能电站共 2 个，分别为荒沟、尚志抽水蓄能电站。2023 年 9 月，荒沟抽水蓄能电站通过枢纽工程专项验收。截至 2023 年 12 月底，黑龙江省核准在建抽水蓄能电站建设进展见表 9.7。

表 9.7 黑龙江省核准在建抽水蓄能电站建设进展

序号	电站名称	形象进度
1	荒沟	工程已于 2023 年 9 月通过枢纽工程专项验收
2	尚志	正在开展通风洞、进厂交通洞、上下水库连接道路、业主营地、施工变电站等项目施工

9.3.4　内蒙古自治区东部地区

内蒙古自治区东部地区核准在建抽水蓄能电站为芝瑞抽水蓄能电站。芝瑞项目上水库大坝填筑已快完成，库盆、进/出水口开挖完成；下水库拦沙坝和拦河坝填筑完成；下水库进/出水口混凝土浇筑正在进行；引水和尾水系统正在进行开挖支护，主变洞开挖完成，主厂房开挖至第七层。

9.4　华东区域

9.4.1　江苏省

江苏省核准在建抽水蓄能电站共2个，分别为句容、连云港抽水蓄能电站。2023年4月，句容抽水蓄能电站通过下水库工程蓄水验收。截至2023年12月底，江苏省核准在建抽水蓄能电站建设进展见表9.8。

表9.8　　　　　　　　　　江苏省核准在建抽水蓄能电站建设进展

序号	电站名称	形　象　进　度
1	句容	下水库正在蓄水，上水库主坝及库岸沥青混凝土面板和进/出水口混凝土正在浇筑，库盆及库岸开挖、库底回填完成；3条引水隧洞和6条尾水隧洞开挖支护完成，钢管安装和混凝土回填正在施工；正在开展6台机组的机电安装
2	连云港	正在筹建

9.4.2　浙江省

浙江省核准在建抽水蓄能电站共18个，分别为宁海、缙云、天台、长龙山、衢江、磐安、泰顺、桐庐、松阳、建德、景宁、永嘉、青田、江山、庆元、乌溪江混合式、紧水滩混合式、柯城抽水蓄能电站。长龙山项目于2023年12月开展了枢纽工程专项验收的技术预验收，宁海项目上水库和下水库在2023年4月同期完成了蓄水验收，缙云项目2023年6月开展了下水库蓄水验收，2023年5月、10月和12月衢江、磐安和天台3个项目先后开展了截流验收，其余项目正在筹建准备或处于主体工程施工期。截至2023年12月底，浙江省核准在建抽水蓄能电站建设进展见表9.9。

表 9.9   **浙江省核准在建抽水蓄能电站建设进展**

序号	电站名称	形 象 进 度
1	宁海	上水库和下水库工程正在蓄水；引水系统压力钢管安装和尾水系统混凝土衬砌基本完成。正在进行机电设备安装，1 号和 2 号机组已浇筑至发电机层，3 号机组水轮机层混凝土正在浇筑，4 号机组蜗壳水压试验完成
2	缙云	上水库工程正在蓄水，下水库进/出水口和检修闸门井混凝土浇筑完成，大坝面板浇筑完成。引水系统正在进行混凝土衬砌和钢衬安装施工，尾水系统混凝土衬砌正在浇筑；1~5 号机组座环蜗壳安装完成，6 号机组尾水管安装完成
3	天台	下水库大坝和上水库主坝趾板开挖完成，正在进行坝体填筑。地下厂房系统开挖全部完成，1 号机组首节尾水管吊装完成，1 号和 2 号下斜井正在开挖，排水廊道 TBM 施工基本完成
4	长龙山	正在开展枢纽工程专项验收工作
5	衢江	场内道路已基本完成；上水库大坝填筑量完成一半，进/出水口正在开挖；下水库大坝趾板混凝土浇筑完成，大坝填筑量已超过一半；引水和尾水系统正在开挖支护，主变洞开挖完成，主厂房正在进行第五层支护
6	磐安	进厂交通洞开挖完成，上水库主坝和下水库大坝正在开挖，上水库副坝开挖完成，引水和尾水系统施工支洞、主副厂房和主变洞顶拱层正在开挖
7	泰顺	正在进行上下水库连接公路、进厂交通洞、业主营地等项目施工
8	桐庐	正在筹建
9	松阳	厂房顶拱层中导洞贯通，进厂交通洞开挖进尺约 950m
10	建德	正在进行通风洞等筹建准备项目施工
11	景宁	通风兼安全洞、主副厂房和主变洞顶拱层、3 号施工支洞全部开挖完成
12	永嘉	进厂交通洞开挖进尺约 800m，通风兼安全洞已完工；主副厂房顶拱层开挖完成，主变洞顶拱层正在开挖
13	青田	正在筹建
14	江山	正在筹建
15	庆元	通风兼安全洞即将进洞；右支沟排水洞洞身正在开挖，左支沟排水洞洞脸边坡开挖完成；场内道路正在施工
16	乌溪江混合式	河道内施工围堰已完成，开始桥墩桩基施工
17	紧水滩混合式	正在进行进场道路和排水洞施工
18	柯城	复建道路已开工建设

9.4.3 安徽省

安徽省核准在建抽水蓄能电站共 8 个，分别为绩溪、金寨、桐城、石台、宁国、霍山、岳西、休宁里庄抽水蓄能电站。绩溪抽水蓄能电站正在进行竣工验收准备工作，金寨抽水蓄能电站于 2022 年 11 月完成了竣工安全鉴定工作，正在开展枢纽工程专项验收准备工作；桐城项目于 2023 年 9 月完成下水库截流。截至 2023 年 12 月底，安徽省核准在建抽水蓄能电站建设进展见表 9.10。

表 9.10　　　　安徽省核准在建抽水蓄能电站建设进展

序号	电站名称	形象进度
1	绩溪	正在进行竣工验收准备
2	金寨	已完成竣工安全鉴定
3	桐城	上水库大坝和库盆、进/出水口正在开挖；下水库主坝趾板和坝基开挖总体完成；进/出水口、引水和尾水系统正在开挖，主厂房岩锚梁浇筑完成
4	石台	正在进行主厂房第二层开挖，主变洞第一层开挖完成，进厂交通洞累计进尺约 1500m
5	宁国	正在进行场内道路施工，下水库导流泄放洞开挖完成，通风兼安全洞累计开挖完成 600m，业主营地开始施工
6	霍山	正在筹建
7	岳西	正在筹建
8	休宁里庄	正在筹建

9.4.4 福建省

福建省核准在建抽水蓄能电站共 8 个，分别为厦门、周宁、永泰、云霄、华安、仙游木兰、永安和古田溪混合式抽水蓄能电站。厦门项目下水库于 2023 年 5 月正式下闸蓄水，1 号机组已于 2023 年 10 月投入商业运行；永泰和周宁项目 4 台机组已全部投产发电；云霄项目即将截流，其余项目正在筹建。截至 2023 年 12 月底，福建省核准在建抽水蓄能电站建设进展见表 9.11。

表 9.11　　　　福建省核准在建抽水蓄能电站建设进展

序号	电站名称	形象进度
1	厦门	工程上水库和下水库均已蓄水；1 号机组已投产发电，2 号机组完成调试并进入试运行，3 号机组总装完成；2 号尾水系统充排水试验已完成，2 号引水系统开始充排水试验

续表

序号	电站名称	形 象 进 度
2	周宁	4 台机组已全部投产发电
3	永泰	4 台机组已全部投产发电
4	云霄	正在进行筹建及施工准备项目施工
5	华安	正在筹建
6	仙游木兰	筹建期"两洞一路"工程开工
7	永安	通风兼安全洞进口开挖完成;筹建期承包商营地建设完成
8	古田溪混合式	正在筹建

9.5 华中区域

9.5.1 江西省

江西省核准在建抽水蓄能电站共 3 个,分别为奉新、洪屏二期、铅(yán)山抽水蓄能电站,3 个项目均在筹建准备中。截至 2023 年 12 月底,江西省核准在建抽水蓄能电站建设进展见表 9.12。

表 9.12　　　　　　　　江西省核准在建抽水蓄能电站建设进展

序号	电站名称	形 象 进 度
1	奉新	正在进行对外交通衔接公路、进场公路、上下水库连接道路等交通工程施工;厂顶交通洞开挖即将完成,下水库导流泄放洞正在施工
2	洪屏二期	正在筹建
3	铅山	正在筹建

9.5.2 河南省

河南省核准在建抽水蓄能电站共 9 个,分别为天池、洛宁、五岳、鲁山、九峰山、后寺河、弓上、龙潭沟、汝阳抽水蓄能电站。天池项目 2023 年 8 月 4 台机组全部投产发电,洛宁项目 2023 年 12 月 1 号斜井 TBM 掘进施工完成,鲁山项目于 2023 年 10 月开展了下水库截流验收,其余项目正在进行筹建准备或处于主体工程施工期。截至 2023 年 12 月底,河南省核准在建抽水蓄能电站建设进展见表 9.13。

表 9.13   河南省核准在建抽水蓄能电站建设进展

序号	电站名称	形 象 进 度
1	天池	4台机组已全部投产发电
2	洛宁	上水库大坝混凝土面板、进/出水口及闸门井混凝土浇筑完成；下水库大坝填筑完成，大坝面板和进/出水口混凝土开始浇筑。引水上平洞和尾水主洞正在衬砌，2023 年 12 月 1 号斜井 TBM 掘进施工完成，尾水调压室开挖支护完成；1 号机组蜗壳层混凝土浇筑、2 号机组蜗壳水压试验、3 号机组尾水管层浇筑完成
3	五岳	上水库大坝已填筑完成，趾板混凝土浇筑完成，大坝面板和进/出水口混凝土正在浇筑；下水库进/出水口闸门已下闸挡水、明渠已进水，五岳水库大坝加高施工已完成。主副厂房、主变洞、尾水主洞和引水竖井开挖支护完成，1 号、2 号尾水主洞和引水竖井正在进行混凝土衬砌；主厂房 4 号和 3 号机组座环蜗壳安装完成，2 号机组座环支架安装完成，1 号机组尾水管安装完成
4	鲁山	上水库大坝已开始填筑；下水库工程已截流，大坝首仓混凝土已浇筑；主厂房第二层开挖支护及岩壁吊车梁已浇筑完成；引水上平段已开挖支护完成；上下水库环库路、上下水库连接道路、上下水库进/出水口、引水主洞等正在进行开挖支护
5	九峰山	通风兼安全洞开挖支护完成，厂房第一层中导洞即将开挖，下水库进/出水口正在开挖
6	后寺河	正在进行场内道路和通风兼安全洞施工
7	弓上	施工供水、供电、上下水库连接路等工程正在施工；通风兼安全洞已贯通，进厂交通洞正在开挖
8	龙潭沟	正在筹建
9	汝阳	正在筹建

9.5.3 湖北省

湖北省核准在建抽水蓄能电站共 11 个，分别为平坦原、清江、紫云山、南漳、宝华寺、江西观、大幕山、魏家冲、黑沟、太平、潘口混合式抽水蓄能电站，所有项目均在筹建中。截至 2023 年 12 月底，湖北省核准在建抽水蓄能电站建设进展见表 9.14。

表 9.14   湖北省核准在建抽水蓄能电站建设进展

序号	电站名称	形 象 进 度
1	平坦原	进厂交通洞进尺约 1600m，通风兼安全洞开挖完成，地下厂房在进行第二层开挖，主变洞中导洞正在开挖；输水系统施工支洞、导流洞正在开挖

续表

序号	电站名称	形 象 进 度
2	清江	通风兼安全洞开挖进尺月 1000m；上下水库连接路、下水库保通路正在实施
3	紫云山	进场道路、通风兼安全洞和进厂交通洞等交通工程已经开工
4	南漳	通风兼安全洞正在施工；上水库进场道路路基开挖已基本完成
5	宝华寺	通风兼安全洞正在实施；工程先行用地取得批复
6	江西观	正在筹建
7	大幕山	正在筹建
8	魏家冲	通风兼安全洞和进厂交通洞等交通工程已经开工，上水库左坝肩正在开挖
9	黑沟	正在筹建
10	太平	正在筹建
11	潘口混合式	正在筹建

9.5.4 湖南省

湖南省核准在建抽水蓄能电站共 8 个，分别为平江、安化、广寒坪、罗萍江、木旺溪、江华湾水源、汨罗玉池、辰溪抽水蓄能电站。平江项目下水库已截流，其余项目均在筹建准备中。截至 2023 年 12 月底，湖南省核准在建抽水蓄能电站建设进展见表 9.15。

表 9.15   湖南省核准在建抽水蓄能电站建设进展

序号	电站名称	形 象 进 度
1	平江	上水库竖井式溢洪道兼导流洞施工完成，进/出水口开挖完成，正在进行扩库和大坝坝基开挖，防渗墙施工基本完成；下水库泄洪排沙洞正在衬砌，泄洪放空洞已过流运行，大坝、进/出水口及扩库开挖正在进行，防渗墙施工完成一半；1 号引水下平洞、中平洞、上平洞和 2 号引水中平洞、上平洞已开挖完成；1 号引水斜井可变径 TBM 正在掘进；尾水隧洞正在开挖，主副厂房和主变洞开挖支护完成
2	安化	正在筹建
3	广寒坪	通风兼安全洞已开工
4	罗萍江	下水库次沟排水洞已贯通；通风兼安全洞和进厂交通洞等交通工程已经开工
5	木旺溪	进场共建道路已开工
6	江华湾水源	正在筹建
7	汨罗玉池	正在筹建
8	辰溪	正在筹建

9.6　南方区域

9.6.1　广东省

广东省核准在建抽水蓄能电站共 9 个，分别为梅州一期和二期、阳江、中洞、浪江、水源山、三江口、电白、岑田抽水蓄能电站。阳江和梅州一期抽水蓄能电站均已在 2023 年 9 月通过了枢纽工程专项验收。截至 2023 年 12 月底，广东省核准在建抽水蓄能电站建设进展见表 9.16。

表 9.16　　　　　广东省核准在建抽水蓄能电站建设进展

序号	电站名称	形　象　进　度
1	梅州一期	2023 年 9 月通过枢纽工程专项验收
2	梅州二期	引水上竖井和下竖井、尾水调压井正在开挖；尾水主洞开挖完成，正在进行混凝土衬砌；主厂房已开挖完成
3	阳江	2023 年 9 月通过枢纽工程专项验收
4	中洞	主厂房第二层开挖完成；输水系统正在开挖，上、下水库导流洞正在开挖支护
5	浪江	主厂房第二层开挖完成；输水系统正在开挖，上、下水库导流洞正在开挖支护
6	水源山	正在开展业主营地、进厂交通洞、通风洞、自流排水洞、进场道路及上下水库连接公路等施工
7	三江口	正在开展进厂交通洞、通风兼安全洞、进场道路等项目施工
8	电白	正在筹建
9	岑田	正在筹建

9.6.2　广西壮族自治区

广西壮族自治区核准在建抽水蓄能电站共 7 个，分别为南宁、百色、贵港、钦州、灌阳、玉林、来宾抽水蓄能电站。截至 2023 年 12 月底，广西壮族自治区核准在建抽水蓄能电站建设进展见表 9.17。

表 9.17　　　　　广西壮族自治区核准在建抽水蓄能电站建设进展

序号	电站名称	形　象　进　度
1	南宁	上水库导流洞已贯通，主坝压坡体正在填筑；下水库坝基心墙基座和防渗墙混凝土正在浇筑，泄洪洞和导流洞已贯通。主副厂房已开挖完成；引水上平洞、上竖井、下竖井正在开挖；尾水主洞开挖完成，正在进行混凝土衬砌施工

续表

序号	电站名称	形 象 进 度
2	百色	正在筹建
3	贵港	正在进行进场公路施工
4	钦州	正在开展进厂交通洞、通风兼安全洞、进场道路等项目施工
5	灌阳	正在开展进厂交通洞、通风兼安全洞等项目施工
6	玉林	正在进行进场公路施工
7	来宾	正在筹建

9.6.3　贵州省

贵州省核准在建抽水蓄能电站共 2 个,分别为贵阳、黔南抽水蓄能电站,均在筹建中。截至 2023 年 12 月底,贵州省核准在建抽水蓄能电站建设进展见表 9.18。

表 9.18　　　　　　　**贵州省核准在建抽水蓄能电站建设进展**

序号	电站名称	形 象 进 度
1	贵阳	正在进行施工供电、上下水库连接公路及供水工程等项目施工
2	黔南	正在进行场内交通、渣场治理等项目施工

9.6.4　云南省

云南省核准在建抽水蓄能电站为富民抽水蓄能电站,目前正在筹建。

9.7　西南区域

9.7.1　重庆市

重庆市核准在建抽水蓄能电站共 4 个,分别为蟠龙、栗子湾、建全、菜籽坝抽水蓄能电站。蟠龙项目 2023 年 7 月通过了上水库和下水库蓄水验收。截至 2023 年 12 月底,重庆市核准在建抽水蓄能电站建设进展见表 9.19。

表 9.19　　　　　　　**重庆市核准在建抽水蓄能电站建设进展**

序号	电站名称	形 象 进 度
1	蟠龙	上水库和下水库已蓄水,引水和尾水系统已完建,1 号机组已投产发电,2～4 号机组正在调试
2	栗子湾	正在筹建

序号	电站名称	形 象 进 度
3	建全	上水库和下水库泄洪洞正在进行混凝土衬砌施工，主厂房第一层开挖完成，引水上平洞的1号施工支洞开挖完成
4	菜籽坝	正在开展通风兼安全洞、进场道路等项目施工

9.7.2 四川省

四川省核准在建抽水蓄能电站共2个，分别为两河口混合式、道孚抽水蓄能电站，均在筹建中。截至2023年12月底，四川省核准在建抽水蓄能电站建设进展见表9.20。

表 9.20　　　　　　四川省核准在建抽水蓄能电站建设进展

序号	电站名称	形 象 进 度
1	两河口混合式	前期辅助工程已开工
2	道孚	正在筹建

9.8　西北区域

9.8.1 陕西省

陕西省核准在建抽水蓄能电站共5个，分别为镇安、山阳、曹坪、佛坪、沙河抽水蓄能电站。镇安项目2023年6月通过了下水库蓄水验收。截至2023年12月底，陕西省核准在建抽水蓄能电站建设进展见表9.21。

表 9.21　　　　　　陕西省核准在建抽水蓄能电站建设进展

序号	电站名称	形 象 进 度
1	镇安	工程下水库已蓄水，上水库大坝已填筑完成，库底沥青铺筑完成一半，进/出水口施工完成；引水和尾水系统已基本完建，正在进行4台机组安装调试
2	山阳	正在筹建
3	曹坪	正在筹建
4	佛坪	正在筹建
5	沙河	正在筹建

9.8.2 甘肃省

甘肃省核准在建抽水蓄能电站共6个，分别为皇城、张掖、黄羊、黄龙、永昌、玉门

抽水蓄能电站，目前均处于筹建阶段。

9.8.3 青海省

青海省核准在建抽水蓄能电站共 3 个，分别为哇让、同德、南山口抽水蓄能电站。截至 2023 年 12 月底，青海省核准在建抽水蓄能电站建设进展见表 9.22。

表 9.22　　　　　　　青海省核准在建抽水蓄能电站建设进展

序号	电站名称	形　象　进　度
1	哇让	正在筹建
2	同德	正在筹建
3	南山口	通风兼安全洞、进厂交通洞开挖全部完成，主厂房中导洞开挖已启动

9.8.4 宁夏回族自治区

宁夏回族自治区核准在建抽水蓄能电站为牛首山抽水蓄能电站，项目处于筹建准备阶段，正在进行进厂交通洞、通风兼安全洞、输水系统施工支洞、场内道路等项目施工。

9.8.5 新疆维吾尔自治区

新疆维吾尔自治区核准在建抽水蓄能电站共 5 个，分别为阜康、哈密、若羌、布尔津和静抽水蓄能电站。阜康项目分别于 2023 年 5 月和 7 月完成了下水库和上水库的蓄水验收工作，哈密项目于 2023 年 8 月开展了下水库的截流验收。截至 2023 年 12 月底，新疆维吾尔自治区核准在建抽水蓄能电站建设进展见表 9.23。

表 9.23　　　　　新疆维吾尔自治区核准在建抽水蓄能电站建设进展

序号	电站名称	形　象　进　度
1	阜康	上水库和下水库均已蓄水，引水和尾水系统施工基本完成，1 号机组已投入商业运行，2 号机组甩负荷试验完成，3 号机组、4 号机组正在安装
2	哈密	通风兼安全洞开挖支护至厂房右端墙，进厂交通洞进尺约 1000m，场内道路正在施工，上水库正在进行大坝和库盆开挖，下水库拦河坝和拦沙坝开始开挖，泄洪排沙洞已过流，泄洪放空洞衬砌混凝土正在浇筑
3	布尔津	正在筹建
4	若羌	正在筹建
5	和静	正在筹建

10 运行概况

10.1　全国总体情况

10.1.1　各区域运行情况

从各区域总体来看，华东区域抽水蓄能机组以调峰运行为主，兼顾消纳本地和区外清洁能源需求，综合利用小时数最多；东北区域、华北区域新能源装机及并网规模大，爬坡、调频及平抑新能源波动需求大，机组台均启动次数最高；华中区域抽水蓄能机组高强度运行，因配合特高压远距离输电 2023 年频繁出现进相运行，维持当地电网电压稳定；南方区域全年各月运行强度较为均衡，主要发挥调峰作用。

10.1.2　持续发挥电力保供作用

2023 年重大活动多，持续时间长，从年初贯穿全年，各抽水蓄能电站面对复杂的保供形势，严格执行调度指令，机组随调随启，及时根据电网调节需求变化调整机组运行方式，圆满完成全国两会、亚运会、迎峰度夏等一系列保电任务，迎峰度冬电力保供工作平稳有序进行。 2023 年抽水蓄能电站抽发电量同比增长均超过 17.9%，抽水启动次数同比增长达 18.2%，发电启动次数同比增长达 10%，有效保证电力安全可靠供应，发挥了电力保供生力军作用。

10.1.3　服务能源电力转型彰显价值

2023 年，全国抽水蓄能机组总体以"两抽两发"运行模式为主。 在新能源装机规模较大的华北、东北区域，对抽水蓄能的午间抽水需求较高，尤其是华北区域午间抽水消纳新能源需求已经显著高于夜间抽水填谷需求。 华东、华中、南方区域 2022 年同期夜间抽水次数明显高于午间，2023 年夜间和午间抽水次数差距在减小。 总体来看，抽水蓄能机组抽水工况启动时间分布直观体现出促进新能源消纳的作用，各区域因资源禀赋不同而略有差异。

10.1.4　多种运行方式积极响应系统需求

高比例新能源出力波动、高比例电力电子设备接入、分布式能源应用规模扩大，都会导致电网频率波动加剧，使电网灵活调节需求明显增加。 2023 年全年抽水蓄能机组共7090 台次参与调频，有效应对"双高"电力系统日益增长的灵活调节需求；抽水蓄能机组抽水调相工况旋转备用达 2216 台次，特别是在泰山、西龙池、沂蒙、仙游、敦化、荒沟、惠州等电站次数较多；机组短时运行频繁出现，5min 内、15min 内、30min 内短时运

行次数分别为 374 次、1317 次、2601 次，有效服务当地电力系统快速调节。 2023 年度全国各地区全部投运抽水蓄能电站运行情况见表 10.1。

表 10.1　　　　2023 年度全国各地区全部投运抽水蓄能电站运行情况

序号	地区	综合利用小时数 /h	抽水次数 /台次	发电次数 /台次
1	京津唐	2695	5420	5451
2	河北南部	2400	1289	1619
3	山西	2188	1509	1238
4	山东	2452	4509	4853
5	江苏	2252	1140	1312
6	浙江	3299	4920	5267
7	安徽	3000	7355	6164
8	福建	2263	1080	1416
9	河南	2824	3080	2824
10	湖北	2532	1288	1245
11	湖南	2901	1329	1274
12	江西	3200	1532	1308
13	辽宁	2627	1612	1608
14	吉林	2050	1881	1415
15	黑龙江	2960	1760	1660
16	广东	2638	8306	14309
17	海南	1693	847	1005
18	内蒙古	2657	1441	1755
合　计			43556	44740

10.2　各区域运行情况

分电网区域来看，2023 年度中国主要已全部投运的抽水蓄能电站在不同的系统需求中可以较好地满足电站设计的开发功能定位，同时为新能源消纳、核电安全稳定、促进系统整体低碳经济运行发挥较好的作用。

华北区域抽水蓄能机组在政治保电、支撑新能源入网及消纳等方面作用明显。 各抽水蓄能电站严格落实保供措施，圆满完成全国两会保电任务。 从全年整体来看，抽水蓄能午间抽水启动次数和抽水出力明显大于夜间，在消纳新能源方面发挥出重要作用。

华中区域抽水蓄能因 2022 年冬季电力供应偏紧，年初各抽水蓄能电站保持了高强度运行，全年顶峰保供作用明显，其他月份抽水蓄能运行强度较为均衡。

华东区域各月抽水蓄能运行强度较为均衡，主要发挥调峰作用，兼顾消纳本地和区外清洁能源需求。 12 月，大面积降雪降温后，多数抽水蓄能日均保持晚峰满发运行方式，顶峰保供作用显著。

东北区域春秋季消纳作用显著，冬季顶峰作用明显。 3 月、4 月和 10 月、11 月抽水蓄能运行强度较高，与风光出力高的季节吻合。 同时，从全年运行情况来看，午间抽水启动次数和出力也高于夜间，消纳新能源作用明显。 11 月底至 12 月，随着降雪降温，东北区域用电负荷上升，恶劣天气风光出力下降，各抽水蓄能保持高强度运行，发挥重要的顶峰作用。

南方区域广东地区全年各月运行强度较为均衡，主要发挥调峰作用，兼顾消纳本区清洁能源需求；海南地区冬春季节消纳作用明显，1 月海南地区处于用电高峰，抽水蓄能机组顶峰作用显著。

10.3 典型案例分析

10.3.1 电网安全保障

近年，中国台风、洪水、大面积暴雪降温等极端天气趋频、趋重，随之而来的是电网负荷骤降、陡增、电压波动剧烈，电网稳定运行面临更多的极端性和不确定性。 抽水蓄能具备调峰、调压、事故备用等多种灵活调节作用，在电网遭遇极端状况、调节困难时，更能适应电网的调节需求，在电网中发挥的调节作用也越来越重要。

台风天气协助电网调压维稳。 2023 年 7 月 28 日，因台风"杜苏芮"登陆给福建电网带来巨大冲击，用电负荷急剧减少，500kV 主网架电压一度逼近上限值，福建仙游抽水蓄能电站 4 台机组在 8h 内轮换在抽水调相工况长时间运行，4 台机组最大进相深度达到－97.04MVar，并长时间保持在－70MVar 左右，台均调相运行时长 247.5min，为电网维持电压稳定发挥关键作用。

暴雪降温天气协助电网顶峰。 2023 年 12 月 9 日起，全国大面积降雪降温，12 月 21 日国网经营区最大用电负荷达到全年监测到的最大用电负荷，较区域 2022 年冬季最高负荷增幅达 17%，华北、华东、华中、东北同时达到入冬以来最大用电负荷。 同一时段，火电带供热负荷居高不下，风电、光伏因天气原因出现结冰冻机、雪层遮挡等情况造成有效容量严重下降。 华东、华中区域各抽水蓄能电站均在晚峰保持满发或大出力方式运行，全力以赴配合电网顶峰保供，华北、东北区域抽水蓄能机组和调节性水电机组应发

尽发,在迎峰度冬电力保供的关键时期发挥了重要作用。

10.3.2 维持电力系统稳定

进相运行协助调压。随着新型电力系统建设的推进,系统电压波动更大,对抽水蓄能调压需求不断增加。2023年,抽水蓄能机组调压调相运行增加,有效协助完成电压稳定任务。其中,白莲河抽水蓄能电站进相运行次数较多,达87台次;天池抽水蓄能电站进相运行深度最大,单机最高带－110MVar,单机最长连续运行9h 20min。

及时启动旋备,快速响应顶峰、消纳。新能源受当地短时天气影响较大,日出力波动较为剧烈,系统对快速响应需求增加,抽水蓄能旋转备用运行次数也越来越多。2023年各抽水蓄能电站作为旋转备用抽水调相运行,其中泰山、西龙池、沂蒙、仙游、敦化、荒沟等抽水蓄能电站次数较多。

安稳装置准确动作,有效协助系统维稳。各抽水蓄能电站积极配合电网逐步接入安稳系统,为夯实系统"三道防线"建设发挥了积极作用。2023年以来泰安抽水蓄能电站大功率缺额系统动作6次,蒲石河抽水蓄能电站低频切泵动作1次,有效应对系统突发故障给系统安全稳定运行带来的隐患。

有效支撑大规模、高比例新能源消纳,保障电网安全稳定运行。新能源资源好且装机规模比例较高的区域,抽水蓄能机组抽发次数增加,更好地促进了区域新能源的消纳。如:在新能源装机规模偏大的华北、东北区域,对抽水蓄能午间抽水需求较高,尤其是华北区域午间抽水消纳新能源需求已经显著高于夜间抽水填谷需求。南方区域的广州抽水蓄能电站累计应急启动15次、共48台次,其中5—7月累计启动9次、共30台次,有效支撑广东区域内高比例新能源消纳,保障了电网安全稳定运行。

11 工程建设技术发展

11.1　概述

2023 年，全国 70 余项大中型抽水蓄能电站可行性研究阶段工作顺利完成，众多抽水蓄能电站由前期描绘蓝图阶段逐步进入到实施阶段，工程涉及的地质勘察、结构设计、施工建造等各项复杂技术在开展进一步深化研究后逐渐落地。

11.2　主要技术进展

（1）标准化设计逐步形成共识，数字化和智能化技术得到了更深入、广泛的应用

随着抽水蓄能电站开发建设的高质量推进，面临着勘察设计周期缩短、施工建设进度加快等新形势新要求，针对抽水蓄能项目前期规划选点、预可行性研究、三大专题、可行性研究、施工详图等各阶段关注的问题，勘察设计单位积极应用、推广抽水蓄能标准化、流程化、模块化设计，响应并满足了国家大力发展抽水蓄能政策以及行业对设计工作快速高频产出的迫切需求。 工程设计和管理方面，通过使用建筑信息模型 BIM 技术和地理信息系统 GIS、人工智能 AI 等，提高了设计质量、进度和施工效率，推动了工程项目智能化管理。《水电工程可行性研究报告编制规程》（NB/T 11013—2022）于 2022 年修订发布，新增工程信息化数字化章节规范了相关规划设计内容，通过加强工程全生命周期数字化规划、建设期智能建造规划、运行期智慧运营规划的顶层设计与统筹协调，有力推动行业数字化智能化转型和健康发展。

（2）精细化设计，采用新型技术和材料，因地制宜创新优化

高频大地电磁测深（EH4）、可控源大地电磁法（CSAMT）等地球物理勘探技术的综合应用为工程地质信息的掌握提供了有力支撑，在活动断裂、岩溶等复杂工程地质问题勘探方面得到广泛应用。 同时采用大地电磁、微动以及 TCT 等综合预报技术在地下洞室超前地质预报中取得了良好的效果。

广东惠州中洞抽水蓄能电站高压管道采用钢筋混凝土衬砌，提出以透水衬砌理论设计衬砌结构，并将围岩作为主要承载体，极大地节约了高强钢板用量；同时利用工程弃渣，填筑全国最高（坝高 71m）混凝土面板堆石（渣）坝，大大提高了开挖料利用率，减少了弃渣量，有利于水土保持。

河南天池抽水蓄能电站下水库河床部位 1Lu 相对隔水层埋深较深，经计算分析后，设计提出河床部位采用悬挂帷幕防渗，蓄水后大坝渗漏量总体可控。

辽宁清原抽水蓄能电站可行性研究和投标阶段采用锚固型表层止水结构方案，施工

阶段改为手刮聚脲止水结构。 通过设计方案的优化，在保证安全前提下节省了工程投资、简化了施工。

（3）施工和建造关键技术继续攻坚克难

随着道孚抽水蓄能电站等高海拔电站的建设，标志着中国抽水蓄能向西部风光资源较好的高海拔地区挺进；同时在斜井、超深竖井、小半径洞室施工技术不断精进。

斜井施工方面。 目前斜井施工以反井钻机法为主，并积极探索 TBM 设备应用。 天台抽水蓄能电站 1 号引水上斜井长度 483.5m，坡度 58°，仅用时 70 天贯通，综合偏斜率 0.67‰，远小于规范要求 1%。 洛宁抽水蓄能电站 1 号引水斜井为中国首次采用大坡度长距离全断面 TBM 开挖斜井隧洞，具有直径大（7.23m）、坡度大（最大坡度 36.2°）、掘进长度长（914.2m）等特点，设计将引水上斜井、中平洞和下斜井优化成一级斜井方案，TBM 设备于 2023 年 1 月 26 日正式始发，12 月中旬隧洞开挖贯通。 湖南平江抽水蓄能电站引水隧洞采用一台可变径 TBM 成套设备，实现倾角达 50° 大坡度斜井、可变径范围 6.5～8.0m 级隧洞掘进，兼具平洞与斜井转换的连续施工能力，为中国首次试点应用大坡度、立面转向及可变径的 TBM 技术。

超深竖井施工方面。 输水系统采用一级竖井布置的工程逐渐增多，如已核准开工的贵阳竖井深 534m、南漳电站竖井深 540m、松阳电站竖井（含调压井）深 649m。 广东浪江抽水蓄能电站引水隧洞采用一级竖井布置，并将引水调压井与竖井结合，竖井直径 9.5～14.0m，垂直高度约 530m，采用正反井结合开挖方式，为国内已建、核准在建水电工程中采用正井法开挖的最深大直径竖井。 竖井施工采用反井钻一次扩挖成型可有效加快施工进度，但中国尚无可用于抽水蓄能电站长大竖井一次扩挖施工的钻机设备，已有多家建设单位联系设备厂商、施工单位开展一次扩挖成型的反井钻机或竖井 TBM 设备的研制工作。

小半径洞室施工方面。 小直径 TBM 从自流排水洞、排水廊道应用快速推广到施工支洞、地质勘探平洞等小断面洞室。 乌海抽水蓄能电站通风安全洞的施工导洞全长 2852m，采用 TBM 开挖，最大日进尺 48m，平均月进尺 570m；仙游木兰抽水蓄能电站主厂房主地质勘探平洞长 1400m，开挖洞径 3.53m，采用 TBM 施工，历时 71 天完成掘进任务，最大日进尺达 43.19m、月进尺 626.69m。

（4）高地震烈度区工程抗震设计及安全管理研究不断深化

为有力支撑西部大型风光基地的规划建设和运行，西部地区需要在更加复杂的地质条件和超高地震动参数背景下开展抽水蓄能电站建设，个别电站设计地震动峰值加速度已超过 600gal，还有受限于地形地质条件存在建筑物穿越活动断裂的情况。 2023 年，针对西部地区复杂地质条件、高寒、高海拔、高水头、高地震动参数等抽水蓄能电站抗震设计及安全管理研究与实践探索不断深化，进一步加深了尾水隧洞穿越活动断裂技术方

案、水库溃坝风险及防控措施研究，对工程建设的风险进行系统全面的评估，制定相应的应急预案和对策措施。

对于抽水蓄能电站尾水明渠横跨活动断裂，研究采取混凝土面板短分缝＋面板下卵石减震层＋两布一膜防渗层、缝内填充泡沫板及密封胶泥、缝间设置铜止水及波纹钢板的结构措施，并有应急放空措施修复。后续将结合开挖揭露的断裂出露位置和性状，进一步优化尾水明渠穿活动性断层段结构与防渗设计，并研究细化尾水明渠和下水库检修措施及通道布置。

（5）安全高效高质量建设与管理技术开展了有益探索

为满足 2030 年碳达峰要求，在确保安全和质量前提下，高效高质建设抽水蓄能电站成为行业高度关注的焦点和难点，参建各方近年来开展了大量有益的研究与实践探索。

华南及东南沿海地区地质条件较好，全年气候适宜，水源充沛，建设管理体系完备，抽水蓄能电站建设进度相对较快，采用机械化、智能化等创新手段，施工关键线路上的地下厂房洞室群开挖支护进度保证性有较大的提高，大部分项目的建设总工期已具备缩短至 5~6 年的技术条件。例如广西某抽水蓄能电站地质条件良好，采用先进的建设和管理技术后，地下厂房顶拱起爆至开挖支护完成仅用时 17 个月，再次刷新纪录。上述区域均为电力负荷中心，加快抽水蓄能电站开发建设对于有力有序构建上述地区的新型电力系统，助力实现 2030 年碳达峰目标具有重要的现实意义和价值。东北、西北、西南区域抽水蓄能电站，往往对外交通条件较差，输水发电系统地质条件复杂，冬季施工降效明显，环保、移民等边界条件复杂，实现工程安全快速建设面临更大难度。但这些区域往往新能源比较富集，加快抽水蓄能电站开发，对于提高这些区域的新能源开发和消纳水平也具有突出的现实意义和价值。

总之，中国幅员辽阔，各地抽水蓄能电站地质、施工及蓄水等客观条件差距较大，建设总工期也呈现明显差异性，华南及东南沿海地区的先进工期有其特殊性，必须坚持因地制宜的原则，积极稳妥推进各区域抽水蓄能电站安全高效高质量建设技术的研发应用并不断改进。

11.3　典型工程实践

11.3.1　四川道孚抽水蓄能电站

道孚抽水蓄能电站位于四川省甘孜藏族自治州道孚县，地处高寒高海拔地区，距康定市、成都市直线距离分别约 84km、262km。电站初选装机容量 210 万 kW，初拟额定水头 721m。枢纽工程主要由上水库、下水库、输水系统、地下厂房及地面开关站等组成。

上水库初选正常蓄水位 4277m，混凝土面板堆石坝最大坝高 86.4m；下水库混凝土面板堆石坝最大坝高 96m；输水发电系统采用三洞六机、中部式地下厂房布置。 输水线路水平投影长约 2127m，距高比约 2.9。

道孚抽水蓄能电站是四川省首个核准开工的大型常规抽水蓄能项目，具有高寒、高海拔、超高水头复杂建设条件以及高转速、高电压、大容量发电机组复杂建造难度等特点。 其上水库海拔约 4300m，机组安装高程 3411m，是四川装机规模最大、中国第二高水头、全球海拔最高的大型抽水蓄能电站。

11.3.2 新疆阜康抽水蓄能电站

阜康抽水蓄能电站位于新疆维吾尔自治区阜康市境内，距阜康市约 70km，距乌鲁木齐市约 130km。 电站总装机容量为 1200MW，建成后向新疆维吾尔自治区乌昌电网供电，在电网中承担调峰、填谷、调频、调相和紧急事故备用等任务。 枢纽工程主要由上水库、下水库、输水系统、地下厂房及地面开关站等组成。 上水库正常蓄水位 2271m，混凝土面板堆石坝最大坝高 133m，库底采用沥青混凝土面板防渗；下水库正常蓄水位 1775m，混凝土面板堆石坝最大坝高 69m；输水发电系统采用二洞四机、中部式地下厂房布置。

阜康抽水蓄能电站为西北地区严寒地区第一座投产的抽水蓄能电站，国内第一座采用 EPC 模式建设的抽水蓄能电站，对促进新疆地区"风光火储一体化"大型综合能源基地建设、助力"疆电外送"有重要意义。 电站建设过程中采用了曲面滑膜工艺，无人机纳米喷涂等新技术，开展复杂地形面板堆石坝快速填筑施工技术、严寒地区抽水蓄能电站沥青混凝土施工技术、尾水斜井全断面衬砌工艺等一系列科技攻关。 积极应用厚层基材喷射护坡技术和岩质高边坡植生袋绿化等新技术新方案，建设生态友好型工程。

11.3.3 新疆布尔津抽水蓄能电站

布尔津抽水蓄能电站位于新疆维吾尔自治区阿勒泰地区布尔津县，是《抽水蓄能中长期发展规划（2021—2035 年）》"十四五"重点实施项目，2023 年 6 月工程获核准开工建设。 电站装机容量 1400MW（4×350MW），额定水头 590m，建成后供电新疆电网，同时服务于新能源消纳。 枢纽工程主要由上水库、下水库、输水系统、地下厂房、地面开关站及补水系统等建筑物组成。 上水库、下水库均采用钢筋混凝土面板全库盆防渗，混凝土面板堆石坝最大坝高分别为 75m、61m；输水系统采用两洞四机、中部式地下厂房布置，线路水平长约 1715m，距高比约 2.9。

布尔津抽水蓄能电站工程区纬度在北纬 47.87°～47.88° 之间，上、下水库推算极端最低气温分别为－49.9℃、－46.4℃，属严寒气候区。 工程年平均气温低、年气温变幅

大，气候条件差，年有效施工时间短，冬季结冰情况均较严重。 极寒条件下面板的防裂抗裂及长期运行耐久性是本工程的技术难点，同时抽水蓄能机组运行调度方式及性能保证难度较大，地面建筑物的保温、防潮、消防、采暖、通风等协调设计与应用需要深入研究。 目前正在开展严寒气候面板堆石坝混凝土抗冻防裂研究、高纬度极寒环境抽水蓄能电站防冰害及运行方式研究、极寒气候条件下基于天气实时预报的工程安全施工技术等专项研究工作。

11.3.4　广东浪江抽水蓄能电站

广东肇庆浪江抽水蓄能电站位于广东省肇庆市广宁县，距肇庆市、广州市的直线距离分别为 48km、105km，电站装机容量 120 万 kW，枢纽工程主要包括上水库、下水库、地下输水发电系统、地面开关站等。 上水库正常蓄水位 645m，沥青混凝土心墙堆石坝最大坝高 94m；下水库正常蓄水位 202m，沥青混凝土心墙堆石坝最大坝高 76m。 输水管道水平距离约 2418m，距高比 5.6。

输水系统采用一洞四机布置，引水调压井结合引水竖井同轴布置，调压井及竖井总深 532.9m。 其中，上部调压井深 90.1m，开挖直径 15.9m；引水竖井深 442.8m，开挖直径 10.9m。 受地面布置条件限制，引水调压井和引水竖井施工不设施工支洞，为国内已建、在建水电工程中单级施工最深大的竖井，施工和安全风险管控难度大。 经深入研究比选，最终采用引水调压井采用正井法、引水竖井采用反井钻挖导井＋正井钻爆扩挖导井溜渣底部出渣的施工方案，目前已完成引水调压井施工，引水竖井完成导井施工。 施工进度、安全风险控制效果总体良好。

12 装备制造技术进步

12.1 概述

2023年度投产的抽水蓄能项目主要包括文登（全部6台机组）、丰宁（最后3台定速机组）、永泰（末台机组）、天池（3台机组）、厦门（首台机组）、阜康（首台机组）、蟠龙（首台机组）、清原（首台机组），几个项目扬程及水头在400~600m范围内，均为定速机组，单机容量除厦门抽水蓄能项目为350MW外其余项目均为300MW，水泵水轮机、发电电动机等机电设备选型设计及加工制造较常规。

机组运行方面，阳江抽水蓄能项目400MW、500r/min、700m水头段机组为国内已投运单机容量最大的抽水蓄能机组，投运以来机组能量特性、空化、稳定性、噪声等指标优秀。沂蒙、文登、永泰、周宁等抽水蓄能机组稳定性整体良好，均经过了一年及以上的运行考验。国产化率最高的梅州一期打破同类型电站全投最快纪录，运行效果好，截至2023年年底共启动近3000次，成功率达99.95%。

机电设备制造技术进步方面，主要包括机组的标准化、模块化设计研究，混合式抽水蓄能电站中低水头、宽变幅水泵水轮机的水力研发，高海拔、大容量电气设备试制，变速机组水力开发等方面。

目前，在大容量变速机组及配套辅助设备（交流励磁、协同控制器等）的研制、超高海拔抽水蓄能电站发电电动机及配套电气设备等领域存在一定挑战，需要进一步开展工作。

12.2 主要技术进展

12.2.1 机组制造

2023年，为适应行业高质量发展要求并适应新的工程建设条件，抽水蓄能机组制造呈现出研制难度提高、变速机组国产化、机组初步形成标准化系列、探索应用数字化装配等特点，取得了较大技术进步。

（1）2023年，肇庆浪江和惠州中洞两个抽水蓄能电站的交流励磁变速机组确定由国内机组厂商承制，标志着中国正式开始设计制造大容量变速抽水蓄能机组。

（2）大型变速发电电动机端部固定用非磁性金属护环、U型螺杆和转子用高强度低铁损硅钢片的研制成功，为中国全面掌握交流励磁变速抽水蓄能机组核心技术奠定了坚实基础。

（3）逐步实现 428.6r/min、300MW 等级，500r/min、300MW/350MW/400MW 等级的抽水蓄能机组和进水球阀等设备的标准化设计制造，通过水泵水轮机和发电电动机部分成套的标准化设计以满足项目建设需求。

（4）在三维测量技术、逆向建模技术、大数据处理及集成控制技术的基础上，创新开发抽水蓄能导水机构数字化装配技术，探索替代实物预装验收，并满足未来数字孪生及智慧电站的建设需求。后续将研究在机组其余部件推广应用。

（5）永泰、蟠龙、阜康等多个应用定子绕组特殊接线抽水蓄能电站机组的投运，验证了单根线棒接线理论的工程应用可行性和有效性，为后续其他特定转速抽水蓄能机组的选型奠定了坚实基础。

12.2.2　水力机械

（1）中低水头段抽水蓄能电站水泵水轮机水力研发取得一定进展。两河口、魏家冲、潘口等混合式抽水蓄能电站具有水头段较低、水头变幅大等特点，部分项目水头变幅突破已有工程经验。机组厂家通过优化设计，在水力研发时兼顾效率与稳定性，尤其高扬程的驼峰、低水头的 S 区、空化及压力脉动等，通过深入研究取得了一定成果，为后续类似机组开发积累了经验。

（2）交流励磁变速抽水蓄能机组研制取得进步。针对肇庆浪江和惠州中洞抽水蓄能电站机组，机组厂家稳步推进研发工作，在空化和驼峰性能等水力设计方面取得了显著的进步，并初步解决水泵工况入力调节限制的难题。

12.2.3　电气设备

（1）750kV 电气设备研制安装取得进步。2023 年西北地区核准的抽水蓄能电站多采用 750kV 电压等级接入电力系统。目前尚无国产 750kV 电力电缆及附件投入使用的先例，相关厂家在 750kV 电力电缆及附件的研制开发方面投入了一定力量。此外，750kV GIL 在斜井的安装设备和工艺方面取得了一定的进展。

（2）国产 SFC 设备得到广泛应用。2023 年投产的抽水蓄能电站中，丰宁、文登、厦门、阜康、蟠龙的 SFC 设备全部或部分采用国内厂家产品，SFC 设备的国产化比率进一步提升。

（3）文登抽水蓄能电站首次在抽水蓄能行业建设 500kV 电压等级智能化开关站。

（4）超高海拔发电电动机电压设备研制进度加快。2023 年，满足 4000m 海拔环境下的发电电动机电压开关设备研发工作，截至年底已完成发电机断路器、电气制动开关及换相隔离开关三个产品的高海拔（4000m）绝缘试验。

12.2.4　控制保护及通信

中国抽水蓄能电站控制保护及通信技术应用总体处于世界先进水平，大中型抽水蓄能电站监控系统、继电保护、励磁系统和调速器控制系统国产化占有率不断提高，基本取代了进口设备，芯片级完全自主可控全国产化设备也在部分电站实施应用。

（1）具有自主知识产权的国产监控系统在文登、丰宁二期、清原、永泰、厦门、阜康、天池、蟠龙等大型抽水蓄能电站得到推广应用。

（2）国产励磁系统在文登、丰宁二期、清原、厦门、永泰、阜康、天池、蟠龙等抽水蓄能电站中得到推广应用；国产调速器控制系统在文登、丰宁二期、清原、阜康、蟠龙、广蓄 B 厂改造等抽水蓄能电站中得到推广应用。

（3）国产抽水蓄能机组继电保护成套设备在文登、丰宁二期、清原、永泰、厦门、阜康、天池、蟠龙等抽水蓄能电站得到推广应用。

（4）目前正在加快调速器核心控制技术和操作系统级完全自主可控深入研究。采用国产控制芯片龙芯和操作系统的调速器系统于 2023 年 1 月在广州抽水蓄能电站 7 号机组调速系统改造工程完成现场所有试验，投入试运行。

12.2.5　金属结构

（1）基本完成平面闸门及固定卷扬式启闭机智能化设计软件开发和智能化模型构建，能够自动绘制闸门及启闭机的三维模型，在标准化设计方面取得了一定的进步。

（2）开发了高精度闸门充水阀开度及闸门位置监测装置，通过双滑触系统的磁场感应获得闸门和充水阀相对胸墙的绝对位置，从而计算出闸门在水下的精确位置，解决了闸门位置及充水阀开度监测难题。

12.3　难点及发展方向

12.3.1　机组制造

结合国内抽水蓄能项目建设实际需求，在总结近年来设计及生产制造经验基础上，于 2023 年初步形成高海拔、转子 H 级绝缘，低水头、大变幅，宽负荷、可变速等抽水蓄能机组技术发展方向。

（1）水泵水轮机

低水头大变幅及宽负荷范围水泵水轮机研制。2023 年度虽然通过加大投入，对低水头大变幅机组的水力研发取得了一定的成果，部分水泵水轮机稳定运行区域也向低负

荷区域有所扩展，但研发的模型转轮仍存在部分部位及工况压力脉动较大的现象。 后续还需在水力设计方面进一步加大投入，实现低水头大变幅以及宽负荷范围水泵水轮机转轮的稳定运行。

（2）发电电动机

300MW 及以上大容量变速机组及配套辅助设备（交流励磁、协同控制器等）研制开发。 相较定速机组，变速机组在电气设计、通风设计、结构设计、水力开发、材料选择等诸多方面要求更高，而且配套的大容量交流励磁系统、协同控制器等辅助设备技术复杂、难度大，存在一定挑战。 目前业主单位、主机及配套设备厂商、设计院等方面正在联合开展攻关。

高海拔使用环境机组研制。 受高海拔条件影响，发电电动机绝缘系统和通风系统需专门设计，并采取一定措施。 2023 年基本完成了 28kV 等级防晕电压在高海拔情况下的试验验证工作。

大容量发电电动机适应长期调相需求的研究。 风–光–蓄联合运行对发电电动机的长期调相运行提出了挑战，重点需要开展两个方面的研究：①进一步增大发出或吸收无功功率的能力范围。 一方面采用更高效冷却方式，进一步突破转子磁极温升限制，增大发出无功能力；另一方面降低定子的端部损耗发热限制，增加进相运行深度，增大吸收无功能力。 ②提高电机无功调节的响应速度，合理设计电机超瞬变电抗参数，通过优化设计时间常数适度提高响应速度。

12.3.2 电气设备

高海拔条件下，气压降低影响产品的外绝缘及以空气作为断口绝缘介质的产品。 对于抽水蓄能机组用成套开关设备中，尚有高集成发电机断路器和母线分段隔离开关未完成高海拔外绝缘修正试验。

12.3.3 控制保护及通信

（1）目前正在加快交流励磁变速抽水蓄能机组监控、励磁、保护等系统的自主可控科技攻关研究，肇庆浪江和惠州中洞变速机组的监控、励磁和保护系统将由国内厂家制造；国产丰宁可变速抽水蓄能机组保护研制样机预计 2024 年下半年挂网运行。

（2）自主可控技术攻关研究项目"抽水蓄能机组静止变频器及励磁系统自主可控关键技术研究"于 2023 年 1 月立项，样机预计在 2024 年下半年推出，以期实现静止变频器中晶闸管、控制芯片等主要元器件国产化。

12.3.4 金属结构

抽水蓄能电站进出水口拦污栅承受双向水流，尤其是发电工况时下水库拦污栅出流

和抽水工况时上水库拦污栅出流的流态较差，易引起振动。 部分工程拦污栅孔口尺寸受地形和开挖影响，入栅流速超出现有工程经验，拦污栅结构设计及制造难度较大。

12.4 典型工程实践

12.4.1 机组制造

典型工程：文登抽水蓄能电站

文登抽水蓄能电站实现"九月六投"，创造了国内抽水蓄能行业新纪录。 采用 9 个叶片与 22 个活动导叶的匹配方案，机组运行更加稳定；顶盖采用单厚法兰的设计结构，提高顶盖及联接件的安全可靠性。 采用内开式蜗壳进人门，把合螺栓不承受载荷，提高机组本质安全水平。 水导轴承采用可倾瓦结构，提高了轴承承载能力和油膜刚度、降低了轴系摆度、增加了轴系稳定性。 针对北方地域机坑外油温在冬夏两季存在较大差异的特点，外循环油泵的控制设计形成了冬夏两季两种模式，结合变频启动，保证设备高效、稳定运行。 在顶罩的设计上，综合考虑内部集电装置的散热需求，采用智能温控系统，使集电装置的运行更加稳定，保证性能优越、检修维护便利的同时，兼顾了造型的时尚美观。

12.4.2 金属结构

典型工程：辽宁清原抽水蓄能电站

辽宁清原抽水蓄能电站高压钢管首次使用国产 1000MPa 级钢板，相关焊接工艺研究成功，目前压力钢管已制作安装完成。 自主开发的高强钢焊接数据监测系统，可实现焊接数据自动采集、实时监测，对焊接数据进行分析，精准控制参数，有效控制了焊接线能量。 压力钢管环缝焊接采用了双丝埋弧自动焊接，焊接效率可提高 70％以上，焊缝一次合格率为 99.82％。

13 发展展望及建议

13.1　发展预期

（1）抽水蓄能仍处于行业发展的战略机遇期

构建新型电力系统、规划建设新型能源体系、实现碳达峰碳中和目标，迫切需要建设大规模的新能源基础设施。与火电灵活性改造等传统的调峰手段相比，抽水蓄能具有双向调节能力，可以显著提升电力系统的新能源消纳能力。与新型储能相比，2035年前，抽水蓄能仍是技术最成熟、经济性最优、最具大规模开发条件的绿色低碳安全的调节储能设施，抽水蓄能长期健康有序发展仍是主基调。

（2）抽水蓄能装机规模保持稳步增长

2024年，预计河北丰宁、福建厦门、重庆蟠龙、新疆阜康等抽水蓄能电站的剩余机组将投产发电，辽宁清原、江苏句容、浙江宁海、浙江缙云、陕西镇安等抽水蓄能电站的部分机组将投产，预计全年抽水蓄能投产规模在600万kW左右，到2024年年底，总装机规模达到5700万kW。

13.2　技术展望

（1）变速抽水蓄能机组应用场景更加广泛

变速抽水蓄能机组可以快速调节有功功率和无功功率，提高系统的稳定性和快速响应能力，实现电站和系统的柔性连接；同时，扩大机组运行范围、提高运行稳定性，实现水泵工况自启动，适应更宽水头变幅，提高运行效率。

（2）对高海拔地区的适应性需要提升

针对中国西部高海拔地区空气稀薄、环境气温低的特点，需要开展海拔4000m级环境下的单机大容量抽水蓄能机组关键技术研究，主要包括低气压条件下的电机绝缘防晕体系可靠性和绝缘状态智能监测，以及更为高效的冷却方式，如定子绕组蒸发冷却技术。

为应对中国在高海拔地区建设抽水蓄能电站项目的需求，需要开发满足4000m级海拔环境下的发电电动机电压开关设备。目前尚有高集成发电机断路器和母线分段隔离开关两种产品需进一步开展试验研究工作。

13.3　相关建议

（1）坚持需求导向有力有序推动抽水蓄能发展

遵循碳达峰碳中和目标要求，统筹各类调节电源，综合考虑新能源合理利用率、电价承受能力等因素，加强抽水蓄能发展需求论证工作，并按照"框定总量、提高质量、优中选优、有进有出、动态调整"的原则制定、调整规划，指导抽水蓄能合理有序发展。抽水蓄能电站建设期一般为 6～8 年，为满足 2035 年需求，需要适度超前开发，多措并举保障抽水蓄能健康有序高质量发展。

（2）加强新能源基地抽水蓄能电站布局建设

加强西北、西南地区抽水蓄能布局和建设，围绕"沙漠、戈壁、荒漠"大型风电光伏基地和主要流域水风光一体化基地，结合新能源大规模发展和电力外送需要以及资源条件，在西北、西南地区加强抽水蓄能布局和建设。

（3）稳妥推动抽水蓄能电价机制改革

统筹衔接电力市场化改革进程，保持抽水蓄能电价政策的相对稳定性及与市场的衔接性。近中期探索建立健全抽水蓄能标杆容量电价机制体系，通过价格信号推进优质站点资源开发，促进全行业降本增效与高质量发展，更好地支撑新型电力系统建设；远期有计划、分步骤积极稳妥推动抽水蓄能电价机制改革和市场化发展。

（4）加强推动抽水蓄能产业链协同发展

抽水蓄能机组装备制造能力问题是目前产业链中的突出和关键问题。目前国内抽水蓄能机组生产能力为 40 台套/年，根据核准在建项目规模及进度分析预计在 2028 年、2029 年、2030 年将迎来机组需求高峰，约为 120 台套/年。现有生产能力无法满足高峰期机组需求，需要科学合理规划机组制造和产能转化。在适度扩大产能的同时，也需要在产业上下游提前做好协同，既要避免产能不足的"卡脖子"问题，也要避免人为制造的产能过剩问题。

附　表：
年度行业政策文件一览

附表　　　　　　　　　年度行业政策文件一览

序号	发文单位	文件名	文号
1	国家能源局综合司	关于进一步做好抽水蓄能规划建设工作有关事项的通知	国能综通新能〔2023〕47 号
2	国家能源局	关于开展电力系统调节性电源建设运营综合监管工作的通知	国能发监管〔2023〕39 号
3	国家发展和改革委员会	关于第三监管周期省级电网输配电价及有关事项的通知	发改价格〔2023〕526 号
4	国家发展和改革委员会	关于抽水蓄能电站容量电价及有关事项的通知	发改价格〔2023〕533 号
5	国家能源局	关于印发《发电机组进入及退出商业运营办法》的通知	国能发监管规〔2023〕48 号
6	国家能源局综合司	关于印发《申请纳入抽水蓄能中长期发展规划重点实施项目技术要求（暂行）》的通知	国能综通新能〔2023〕84 号
7	国家能源局综合司	关于印发《开展新能源及抽水蓄能开发领域不当市场干预行为专项整治工作方案》的通知	国能综通新能〔2023〕106 号
8	国家发展和改革委员会、国家能源局	关于加强新形势下电力系统稳定工作的指导意见	发改能源〔2023〕1294 号
9	国家发展和改革委员会、国家能源局	关于加强电网调峰储能和智能化调度能力建设的指导意见	
10	国家发展和改革委员会、国家能源局	关于建立健全电力辅助服务市场价格机制的通知	发改价格〔2024〕196 号

声　明

本报告内容未经许可，任何单位和个人不得以任何形式复制、转载。

本报告相关内容、数据及观点仅供参考，不构成投资等决策依据，水电水利规划设计总院、中国水力发电工程学会抽水蓄能行业分会不对因使用本报告内容导致的损失承担任何责任。

如无特别注明，本报告各项中国统计数据不包含香港特别行政区、澳门特别行政区和台湾省的数据。 部分数据因四舍五入的原因，存在总计与分项合计不等的情况。

本报告主要数据资料由水电水利规划设计总院和中国水力发电工程学会抽水蓄能行业分会联合统计，第1章部分数据引自国际水电协会（International Hydropower Association）发布的数据和报告等。

抽水蓄能行业重点企业

中国水利水电第六工程局有限公司（以下简称"水电六局"）任中国水力发电工程学会抽水蓄能行业分会工程建设组组长，参与了十三陵、宜兴、溧阳、洪屏、清原、荒沟、敦化等20余座国家级重点工程建设，具备20余座大型抽水蓄能项目同步施工管理能力，形成抽水蓄能施工品牌，截至目前，参建数量占全国已建、在建抽水蓄能电站总数量的1/3。

水电六局未雨绸缪，提早布局抽水蓄能、水电及新能源运维检业务，先后承接了北京十三陵抽水蓄能电站、黑龙江荒沟抽水蓄能电站、吉林敦化抽水蓄能电站、安徽响水涧抽水蓄能电站、辽宁蒲石河抽水蓄能电站等20余座电站的运行维修检修业务。

辽宁清原抽水蓄能电站，国内第一座完整意义EPC总承包抽水蓄能电站 | 江苏溧阳抽水蓄能电站，国家级工程奖"大满贯"项目 | 北京十三陵抽水蓄能电站运行维修检修

荣誉奖项

依托众多抽水蓄能电站及地下工程项目，水电六局获得20多项国际先进技术认定，100多项专利，10余项国家工法，近200项省部级工法，300多项软件著作权，荣获全国科技大会奖、国家科学技术进步奖、国家优质工程金奖、中国水利工程优质（大禹）奖、中国土木工程詹天佑奖、中国建设工程鲁班奖及省部级奖150余项，多项专业领域技术水平世界领先。

 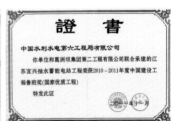

抽水蓄能专业技术

1. 大型洞室群安全施工技术

水电六局先后承建20余座大型复杂地下洞室群，具有丰富全面的施工与管理经验，主要参建项目有乌东德、溪洛渡、官地水电站，江门中微子试验室，十三陵、宜兴、蒲石河、呼和浩特、洪屏、溧阳、敦化、荒沟、金寨、清原、泰安二期等抽水蓄能电站的地下洞室群工程建设施工管理。

2. 压力钢管智慧化工厂

水电六局研发了水电站压力钢管全自动智能化制作施工技术，实现了压力钢管关键工序的自动化、智能化，目前处于国内领先地位。

3. BIM 技术应用

水电六局首创了 BIM 技术在水电行业管路"工厂化"预制应用先河，研发了小管路自熔焊接技术，管路"单面焊接、双面成型"。工程实体质量优良，机电设备布置美观，电缆敷设排布整齐，管道安装工艺美观，机组运行无"振动区"，各项指标均优于设计标准。

4. TBM 斜井技术

水电六局率先在洛宁抽水蓄能电站采用大直径 TBM，实现国内抽水蓄能电站大坡度、长引水斜井中首次试点应用并已成功完成一条斜井掘进工作。

5. 地下厂房底板光面爆破技术

厂房底板预留保护层开挖采用薄层水平光面爆破方法，应用"一种用于水平钻孔固定支架""柔性长直钻杆开孔"等技术保证钻孔的准确性；装药方案经"一炮一设计，一炮一优化"反复论证，爆破后半孔率达 95% 以上，达到底板保护层开挖一次成型、平整如毯的效果。

6. 清水混凝土施工技术

通过优化清水混凝土原料配合比、模板设计、优选脱模剂、浇筑工艺、脱模养护等因素，达到一次浇筑成型、免装饰、镜面成像效果，可谓"清水出芙蓉，天然去雕饰"。

7. 超长斜井开挖技术

水电六局在超深长斜井施工中，采用新型护壁钻井等一系列新型技术，首次实现国内 400m 级斜井施工中大直径（2.4m）导井一次成型施工技术应用。

8. 绿色施工及数字大坝智能建造应用技术

水电六局基于"BIM+GIS"技术构建的大坝智能填筑技术，建成了"数字大坝"，应用大坝无人碾压系统，解决了坝体超碾、欠碾难题，提升了大坝碾压质量；首次开展了抽水蓄能电站复杂路况新能源自卸汽车规模化应用和无人驾驶集成应用技术攻关，降低了安全风险，实现了电能回收及绿色施工，提升了智能化建造水平。

9. 1000MPa 级超高强钢应用技术

水电六局与江苏省高端钢铁材料重点实验室、北京院联合开展了 1000MPa 级超高强压力钢管智能化制作及数字化安装关键技术研究，为国内首次压力钢管研究应用，通过对关键技术研究与应用，形成适合 1000MPa 级超高强水电站大管径压力钢管数字化制作及安装的成套技术。

中国水利水电第十四工程局有限公司（以下简称"水电十四局"）于 1954 年 5 月 10 日在云南昆明成立，是国务院国资委直属央企中国电力建设集团有限公司的控股骨干子企业，拥有总承包特级资质 1 项，总承包一级、二级资质 6 项，行业专业资质 9 类 40 余项。

水电十四局自 1988 年承建中国第一座大型抽水蓄能电站——广州抽水蓄能电站至今，已承建（参建）了 39 座抽水蓄能电站，承担了 60 台抽水蓄能机组安装，目前已投产 54 台，投产容量 1723MW，安装机组占比 27.41%，投运机组容量占比 32.51%。全国投产的单机容量在 30 万 kW 及以上、机组转速在 500r/min 及以上的抽水蓄能机组中，水电十四局完成 35 台、1130 万 kW，安装机组占比及投产容量占比分别为 58.33%、59.16%。水电十四局已全面掌握大型抽水蓄能电站关键施工技术和管理经验，在抽水蓄能电站建设中，先后荣获鲁班奖 1 项、国家优质工程奖 2 项、中国土木工程詹天佑奖 2 项、中国安装工程优质奖 1 项、省部级优质工程奖 5 项，拥有抽水蓄能电站施工成果 208 项、施工获评奖项 246 个。

广东广州抽水蓄能电站，水电十四局承建的中国第一座大型抽水蓄能电站

从"广蓄经验"到"梅蓄速度""缙蓄速度"，水电十四局多次刷新国内抽水蓄能电站主体工程建设工期最短纪录。在承建广州抽水蓄能电站（一期）的过程中，水电十四局实现工程投产发电工期、建设工期分别比国家批准的计划提前 11 个月和 14 个月，开创了以"科学管理、均衡生产、文明施工"项目法施工管理的"广蓄经验"。在承建广东梅州抽水蓄能电站（一期）的输水发电系统土建工程施工过程中，水电十四局实现了从主体工程开工至首台机组投入试运行仅用时 41 个月，创造了国内抽水蓄能电站主体工程建设最短工期纪录的"梅蓄速度"。在承建浙江缙云抽水蓄能电站主体工程的建设过程中，水电十四局仅用 27 天就完成厂房岩壁吊车梁混凝土全部施工；比计划提前 3 个月完成主副厂房洞室开挖支护，刷新了国内同类工程建设新速度，创造出"缙蓄速度"。

广东梅州抽水蓄能电站，主体工程仅用时 41 个月，创造国内最短纪录，被称为"梅蓄速度"

浙江缙云抽水蓄能电站（下库）

全面掌控抽水蓄能工程施工核心技术，拥有土建到机电安装的全专业施工管理实力。水电十四局先后获得抽水蓄能工程国家级施工工法 2 项、省部级施工工法 57 项、授权专利 118 项。在大型复杂地下洞室群，长距离输水隧洞施工和长大斜竖井开挖，地下洞室清水混凝土、厂房岩锚梁和施工大坝施工，装备制造及 TBM 技术应用，反井钻机 + 竖井 TBM 施工，智能化 BIM 应用和可逆式高水头发电机组安装方面，水电十四局拥有先进的技术和施工工艺，具备从土建施工、项目咨询、设备监造、机电安装、系统倒送电调试、电站调试试运行、电站日常维护及检修等覆盖抽水蓄能全专业施工、全过程服务的"投、建、营"一体化实力。

吉林敦化抽水蓄能电站机组，全国首座国产 700m 级水头抽水蓄能电站

广东清远抽水蓄能电站，荣获菲迪克 2021 年工程项目优秀奖、第十九届中国土木工程詹天佑奖，是国家水土保持生态文明工程

广东阳江抽水蓄能电站机组，国内单机容量最大抽水蓄能电站

河北丰宁抽水蓄能电站，世界装机规模最大抽水蓄能电站

中国电建集团成都勘测设计研究院有限公司
CHENGDU ENGINEERING CORPORATION LIMITED

中国电建集团成都勘测设计研究院有限公司（简称"成都院"）的历史可以追溯至 1950 年成立的燃料工业部西南水力发电工程处。经过 70 多年发展壮大，在能源电力、水资源与环境、基础设施等领域为全球客户提供规划咨询、勘测设计、施工建造、投资运营全产业链一体化综合服务。成都院持续获评中国电建特级子企业，是中国工程设计企业 60 强第 16 位、最具效益工程设计企业 10 强第 9 位。

成都院拥有包括 1 名入站院士、1 名国家卓越工程师、2 名国家工程勘察设计大师、2 名国家百千万人才工程专家、7 名全国电力勘测设计大师、17 名四川省工程勘测设计大师在内的 6000 余名高素质人才队伍；拥有国家能源水能风能研究分中心等 4 个国家级研发机构，西藏自治区水风光储能源技术创新中心等 12 个高端科创中心；拥有工程设计综合甲级、工程勘察综合类甲级、咨询综合甲级、监理综合甲级（四综甲）与电力、水利水电、市政公用工程施工总承包一级等 40 余项资质证书；拥有 90 多项专有技术、250 多项国家与行业标准、900 多项国家级省部级奖项、2000 多项国家专利；遍布全球近 60 个国家和地区的 700 多个工程，使成都院一直保持行业领先地位。

水电、抽水蓄能概况

成都院积极践行国家碳达峰碳中和目标，在国家水能资源规划、水电高端技术服务方面培育出核心竞争能力，代表着我国乃至世界水电勘测设计的最高水平，拥有 10 多项国际领先的核心技术，完成全国水能资源 54.4% 的水力资源普查（复查），规划水电水利工程 350 余座，占我国可开发水力资源 39%，勘测设计水电水利工程 200 余座，装机规模约占我国水电总装机的 26%，完成 8 个千万千瓦级水风光储一体化基地规划，规模占全国一半以上，规划抽水蓄能电站百余座，勘测设计世界在建最大混合式抽水蓄能电站——两河口抽水蓄能电站。

部分获奖展示

◆ 国家科学技术进步奖 / 技术发明奖

◆ 中国土木工程詹天佑奖

◆FIDIC 工程项目杰出奖

◆ 国际里程碑工程奖

◆ 国家优秀工程金奖

核心技术

1. 水资源论证、规划及水文设计关键技术（国际领先）

2. 高混凝土坝勘察设计关键技术（国际领先）

3. 高土石坝勘察设计关键技术（国际领先）

4. 深厚覆盖层勘察与地基处理关键技术（国际领先）

5. 大型复杂地下洞室群勘察设计关键技术（国际领先）

6. 高陡边坡稳定控制及地灾治理关键技术（国际领先）

7. 高水头大流量窄河谷泄洪消能设计技术（国际领先）

8. 大坝施工过程仿真与智能监控技术（国际领先）

9. 气垫式调压室设计技术（国际领先）

10. 深埋长大隧洞勘察设计及 TBM 施工关键技术（国际领先）

11. 环境评价、水土保持与生态修复设计技术（国际领先）

12. 数字流域与流域安全应急管理成套技术（国际领先）

13. 水电工程三维协同设计技术（国际领先）

技术标准

主编国家标准、行业标准：120 项

参编国家标准、行业标准：170 余项

部分重点行业标准展示：

混凝土拱坝设计规范（NB/T 10870—2021）

水电站厂房设计规范（NB 35011—2016）

水电站气垫式调压室设计规范（NB/T 35080—2016）

河流水电规划编制规范（NB/T 11170—2023）

水电工程等级划分及洪水标准（NB/T 11012—2022）

水工隧洞设计规范（NB/T 10391—2020）

水电工程水文设计规范（NB/T 10233—2019）

水电工程危岩体工程地质勘察与防治规程（NB/T 10137—2019）

水电工程泥石流勘察与防治设计规程（NB/T 10139—2019）

水电工程场内交通道路设计规范（NB/T 10333—2019）

水电工程农村移民安置规划设计规范（NB/T 10804—2021）

水电工程泥沙设计规范（NB/T 35049—2015）

部分案例

两河口混合式抽水蓄能电站，全球最大、海拔最高的混合式抽水蓄能电站

四川道孚县抽水蓄能电站，四川省首个通过核准的大型常规抽水蓄能电站，世界上海拔最高、国内水头第二高的大型抽水蓄能电站

叶巴滩混合式抽水蓄能电站，规模巨大，是金沙江上游川藏段流域可再生能源一体化规划示范基地的骨干电源

四川绵竹抽水蓄能电站，四川省首个通过可行性研究审查的大型常规抽水蓄能电站

羊卓雍湖抽水蓄能电站，西藏第一座抽水蓄能电站，已建世界海拔最高、中国水头最高（1020m）、库容最大（150亿 m³）的抽水蓄能电站

春厂坝抽水蓄能电站，国家级重点研发项目"分布式光伏与梯级小水电联合发电技术研究"的示范工程

中国电建集团昆明勘测设计研究院有限公司（以下简称"昆明院"）成立于1957年，是世界五百强企业——中国电力建设集团（股份）有限公司的成员企业，注册资本金为16亿元。拥有工程设计综合甲级，工程勘察综合甲级，工程咨询单位综合甲级资信评价证书，以及建筑工程、市政公用工程、电力工程、水利水电工程施工总承包壹级资质等各类各级资质、资信证书近40项；拥有水利部全国水利建设市场主体信用评价勘察、设计、咨询、监理AAA级证书；中国建设工程造价管理协会全国工程造价咨询企业AAA级信用评价证书；云南省住房和城乡建设厅云南省建筑行业企业信用综合评价AAA级。拥有中国水利水电勘测设计协会、中国水利企业信用协会、中国电力企业联合会、中国企业联合会、中国电力规划设计协会等多家行业协会评定的最高级信用等级，并被中国对外承包商会、中国机电产品进出口商会认定为AAA级信用企业。

抽蓄业绩

1. 泸西抽水蓄能电站

（1）工程概况

泸西抽水蓄能电站为《抽水蓄能中长期发展规划（2021–2035年）》"十四五"云南省重点实施项目。电站位于云南省红河哈尼族彝族自治州泸西县向阳乡，上水库建于南盘江左岸的山间洼地上，下水库利用已建的凤凰谷水电站水库。电站安装6台单机容量350MW的可逆式水泵水轮机组，装机容量2100MW。2024年1月完成可行性研究报告审查。

（2）工程特点

1）上水库岩溶发育，分布有阶梯状岩溶管道，形成优势通道与发蒙暗河管道连通，防渗问题突出，采用了全库盆防渗设计。

2）下水库为已建凤凰谷水库，进/出水口工程区河谷狭窄，水力条件不利，建筑物布置和施工存在难度。采用水工模型试验研究和预留岩埂的导流方式予以解决。

3）厂房采用"两洞六机"布置，高压岔管最大设计水头1037m，最大直径5m，HD值为5185m^2，采用了强度达1000MPa的超高强钢材，保证了工程安全。

2. 富民抽水蓄能电站

（1）工程概况

富民抽水蓄能电站为《抽水蓄能中长期发展规划（2021—2035年）》"十四五"云南省重点实施项目。电站位于云南省昆明市富民县款庄镇，电站安装4台单机容量350MW的可逆式水泵水轮机，装机容量1400MW。项目于2023年12月29日取得项目核准的批复，2024年4月26日项目开工。

（2）工程特点

1）上水库工程地质条件复杂，岩体风化强烈，各阶段勘察均揭示有不同规模的溶洞、岩溶管道及溶蚀裂隙存在，为复杂构造控制的条带状岩溶发育区水库，采用了全库盆防渗设计。

2）下水库坝址处有双龙村断层穿过，断层破碎带宽度24.9m，对库区防渗、趾板基础稳定影响较大。采用了钢筋混凝土防渗墙过断层的设计。

3）厂房处于复杂构造、多喷发旋回玄武岩区，厂房布置选择与洞室围岩稳定控制关键技术对类似工程具有借鉴意义。

3. 滦平抽水蓄能电站

（1）工程概况

河北滦平抽水蓄能电站位于河北省承德市滦平县小营镇，为河北省"十四五"重点实施项目。电站总装机容量1200MW，额定水头470m，为一等大（1）型工程。2022年12月开工建设，工程总工期75个月。项目静态总投资65.4亿元。

（2）工程特点

本工程利用磁铁矿矿坑建设下水库，是国内首个与矿坑综合治理相结合的能源电力工程。利用矿坑建设抽水蓄能电站既可节约电站投资成本，又显著减少了矿坑修复的经济投入，实现了变废为宝和资源、经济综合效益最大化的目标。在改善京津唐电网调峰能力的同时，对促进矿区生态环境修复，实现资源开发与生态保护相结合也具有重要意义。

4. 禄丰抽水蓄能电站

（1）工程概况

禄丰抽水蓄能电站为《抽水蓄能中长期发展规划（2021—2035年）》"十四五"云南省重点实施项目。电站位于云南省楚雄彝族自治州禄丰市高峰乡，电站安装4台单机容量300MW的可逆式水泵水轮机组，装机容量1200MW。项目于2024年2月8日取得项目核准的批复，2024年5月27日项目开工。

（2）工程特点

1）厂房处于软硬互层、围岩变形大的滇中红层区，围岩稳定问题突出。提出软硬互层大型地下洞室群的围岩安全评价方法与控制技术方案，优化围岩安全防控方案。

2）下水库为典型的河道型水库，存在项目施工期导流、运行期泄洪建筑物泄洪

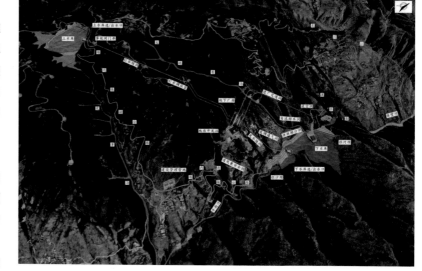

消能、水库放空以及汛期电站过机含沙量高等诸多问题。采用了泄洪排沙洞泄洪排沙兼导流，设置水库放空洞组合的设计方案，库尾设置拦沙坝有效降低了过机含沙量。

3）下水库建筑物与滇中引水二期配套工程倚壁河倒虹吸工程存在交叉影响问题，经技术方案研究优化，将倚壁河倒虹吸从抽蓄下水库泄洪排沙洞出口明渠段下部穿过，拦河坝下游坝坡马道兼做倒虹吸已波龙隧洞洞口施工兼检修通道，节约工程投资约300万元。

上海勘测设计研究院有限公司
Shanghai Investigation, Design & Research Institute Co., Ltd.

蓄能云顶上，数动绿水间

光辉岁月

上海勘测设计研究院有限公司（以下简称"上海院"）创建于 1954 年，从规划设计新中国第一座自行设计建造的大型水电站——新安江水电站起步，发展成为可提供全过程工程咨询和全产业链服务的大型甲级综合设计院。2014 年，上海院经改制重组成为全球最大水电开发运营企业和我国领先的清洁能源集团——三峡集团的控股子公司。2022 年 7 月，作为国家发展和改革委员会第四批混改试点企业，上海院"混改引战"取得圆满成功。2023 年 5 月，上海院入选国务院国资委"科改企业"，为"十四五"高质量跨越式发展奠定牢固基石。

上海院是国内较早开展大型抽水蓄能电站设计的单位，先后承担了沙河（100MW）、宜兴（1000MW）、响水涧（1000MW）等抽水蓄能电站的全过程勘察设计工作。作为当前国内具备大型抽水蓄能设计业绩的几家单位之一，上海院具有完备的技术审查及全过程咨询能力、领先的抽水蓄能电站站点资源筛选及站点规划能力、雄厚的抽水蓄能领域勘测设计技术能力，以及三峡特色差异化的抽水蓄能开发与其他新能源协同融合能力。

精品工程

1. 江苏沙河抽水蓄能电站

江苏沙河抽水蓄能电站是国内首创竖井半地下式厂房的抽水蓄能电站，位于江苏省溧阳市天目湖旅游度假区，也是江苏省第一个抽水蓄能电站，装机容量 100MW。电站于 1998 年 9 月 18 日正式开工，到 2002 年 7 月 30 日两台机组全部投入商业运行。项目荣获 2003 年度上海市优秀工程设计一等奖。

2. 江苏宜兴抽水蓄能电站

江苏宜兴抽水蓄能电站位于江苏省宜兴市西南，是一座日调节纯抽水蓄能电站，装机容量 1000MW，国内首创的混凝土面板混合堆石坝。项目 2010 年荣获中国电力优质工程奖、大禹水利科学技术奖等 5 个奖项。

3. 安徽响水涧抽水蓄能电站

安徽响水涧抽水蓄能电站位于安徽省芜湖市繁昌县峨桥镇，装机容量 1000MW，是国内第一座全面实现机电设备自主化抽水蓄能电站。项目荣获中国电力建设企业协会"2014 年度电力建设工程优秀设计一等奖"、2013—2014 年度国家优质工程奖。

4. 重庆奉节菜籽坝抽水蓄能电站

重庆奉节菜籽坝抽水蓄能电站位于重庆市奉节县兴隆镇及冯坪乡。电站装机容量1200MW，为日调节纯抽水蓄能电站。菜籽坝项目被业内专家评价为国内岩溶条件最复杂的抽水蓄能电站，也是三峡集团首个全过程自主"预投建运"（选点勘测设计投资建设运行）的抽水蓄能电站。

5. 甘肃武威黄羊抽水蓄能电站

甘肃武威黄羊抽水蓄能电站位于甘肃省武威市凉州区，距武威市直线距离约35km，总装机容量1400MW，上海院承担全过程勘察设计工作。该项目为上海院首个西北高地震区抽水蓄能项目，于2023年12月取得可行性研究审查意见。

6. 海南三亚羊林抽水蓄能电站

羊林抽水蓄能电站位于海南省三亚市崖州区，距海口市、三亚市直线距离分别约205km、34km。电站装机容量2400MW，为日调节纯抽水蓄能电站，是目前上海院承担的装机规模最大的抽水蓄能项目，已通过三大专题咨询和审查。

7. 重庆巫山大溪抽水蓄能电站

大溪抽水蓄能电站位于重庆市巫山县大溪乡，初拟装机容量1200MW，为日调节纯抽水蓄能电站，已通过预可行性研究评审。

8. 重庆涪陵太和抽水蓄能电站

太和抽水蓄能电站位于重庆市涪陵区南部的马武镇。电站初选装机容量1200MW，为日调节纯抽水蓄能电站，已通过预可行性研究评审。

9. 河北青龙冰沟抽水蓄能电站

河北青龙冰沟抽水蓄能电站位于青龙满族自治县大石岭乡，初拟装机规模100MW，已通过预可行性研究评审。

10. 山东长清武庄抽水蓄能电站

山东长清武庄抽水蓄能电站位于济南市长清区万德街道，初拟装机容量600MW。

11. 抽蓄数字化设计平台

上海院自主研发的抽蓄数字化设计平台（输水系统），集成了方案布置、分析展示模块，可实现数据驱动的三维交互式设计，将原有离散化的设计过程进行系统关联，减少了重复输入，增强了参数化、可视化功能，使复杂结构的设计效率提升了3倍以上。另外，利用BIM+GIS+VR技术搭建的抽蓄电子沙盘，丰富了传统汇报模式，提升了设计成果的附加值，为全生命周期数字化应用奠定坚实基础。

前行之路

新时代，上海院将始终坚持以习近平新时代中国特色社会主义思想为指引，以创建绿色发展顾问集团为目标，坚持打造成为能源生态一体化整体方案解决商、以设计为龙头的一流工程总承包商、三峡集团"两翼"融合发展总智库、国家级混改试点新标杆、科改示范行动典型样板，并致力于建设成为以新能源为主体的新型电力系统国家级智库。

乘着国家能源转型升级的东风，上海院抽蓄人也正以昂扬的斗志在新赛道踔厉前行，从数字化设计到智能建造，从小工具小发明到系统化研发，数智应用持续扩展，赋能作用日益凸显。

同时上海院锚定碳达峰碳中和战略下的新型电力系统建设内涵和关键技术，创新发展，抢占制高点，力争在新一轮抽水蓄能建设周期中成为行业标杆。

抽水蓄能电站

全断面开挖装备领军企业

（ 绿色能源 ）　（ 定制开发 ）　（ 安全高效 ）

中国中铁工程装备集团有限公司（以下简称"中铁装备"）是世界500强企业——中国中铁股份有限公司旗下工业板块的核心成员。企业承担了国家第一个盾构863计划，研制出了第一台完全自主知识产权复合式盾构机，是中国盾构/TBM行业起步较早、发展迅速、实力强劲、拥有多项核心技术和自主知识产权、市场占有率最高、海外出口盾构/TBM超过百台的专业化企业，是极具国际竞争力和影响力的中国隧道掘进机研发制造企业。

2014年5月10日，在中铁装备盾构总装车间考察时，习近平总书记强调，推动中国制造向中国创造转变、中国速度向中国质量转变、中国产品向中国品牌转变。作为"中国品牌日"发源地、隧道掘进机原创技术策源地，中铁装备研制了世界首台马蹄形盾构机、世界最大直径矩形盾构机、世界最大直径硬岩TBM、国内首台大倾角TBM、国产首台高原高寒大直径硬岩TBM等创新产品，填补了国内外行业空白。截至目前，盾构/TBM订单总数超过1700台，隧道掘进总里程近5000km，产品远销德国、法国、意大利、丹麦、波兰、澳大利亚、新加坡等32个国家和地区。

国内首台大直径大倾角斜井硬岩掘进机 "永宁号"再次始发

洛宁抽水蓄能电站开创性地将引水上斜井、中平洞和下斜井优化成一级斜井方案，首条斜井纵坡36°、长920m，第二条斜井纵坡约39°、长870m，开创了国内一种抽水蓄能电站建井的新模式。

用于该斜井的"永宁号"TBM，开挖直径7.23m，总重1200t，针对性地解决了设备防溜、出渣、材料运输、流体液压容器自适应等技术难题，提高了设备的可靠性和耐久性，极大提升工程本质安全水平，提升成洞质量、工艺水平及开挖效率，大幅改善施工环境。项目首条斜井已顺利贯通，TBM正在施工第二条引水斜井，月平均进尺超过210m。

项目名称：河南洛宁抽水蓄能电站
施工单位：中国水利水电第六工程局有限公司
设备制造单位：中国中铁工程装备集团有限公司

斜井TBM贯通首条引水斜井

斜井TBM再次始发

国内首台扩孔式竖井 TBM 即将下线

　　永嘉抽水蓄能电站采用 TBM 法施工 1 条排风竖井和 2 条引水竖井，排风竖井深 388m，引水竖井深 488m。围岩类别以 Ⅱ ~ Ⅲ 类为主，局部断层破碎带及沉凝灰岩夹层段为Ⅳ类，岩性为晶屑熔结凝灰岩、球泡流纹岩，平均抗压强度 119~190MPa，局部可达 223MPa，成洞条件及围岩稳定性整体较好。

　　项目先采用反井钻机施工直径为 2m 的中导孔，作为溜渣和排水通道，再采用中铁装备研发的直径为 7.2m 的扩孔式竖井 TBM 一扩成井。此种工法围岩适应性好、掘进效率高、可同步支护、安全环保，目前 TBM 正在中铁装备车间组装，预计 2024 年下半年进场，开创国内抽水蓄能电站竖井施工新模式。

项目名称：浙江永嘉抽水蓄能电站
施工单位：中国水利水电第五工程局有限公司
设备制造单位：中国中铁工程装备集团有限公司

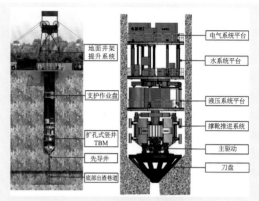

扩孔式竖井 TBM 示意图

小直径超小转弯 TBM 施工技术创新应用

　　缙云抽水蓄能电站采用直径为 3.53m 的 TBM 施工厂房和高压钢管排水廊道，总里程为 3835m，具有 22 个半径为 30m 的小转弯，对 TBM 的应用提出了不小的挑战。

　　施工过程中，中铁装备通过创新性地开发了 TBM 无导洞始发、长距离回退、偏载掘进等施工技术，取得了月最高进尺 660.518m、月平均进尺 510m、日最高进尺 38.38m 的好成绩，比合同原定日期提前 6 个月完成掘进任务。

项目名称：浙江缙云抽水蓄能电站
施工单位：中国水利水电第十四工程局有限公司
设备制造单位：中国中铁工程装备集团有限公司

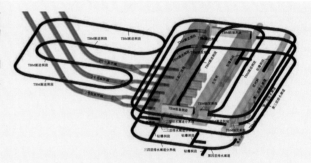

缙云抽水蓄能电站 TBM 施工路线

缙云抽水蓄能电站 TBM 小转弯施工效果

TBM 无导洞始发

TBM 偏载掘进施工效果